抚顺西露天矿高陡边坡蠕变–大变形综合预警及防治技术研究

缪海宾　王海洋　马玉林　费晓欧　著

东北大学出版社
·沈　阳·

图书在版编目（CIP）数据

抚顺西露天矿高陡边坡蠕变–大变形综合预警及防治
技术研究 / 缪海宾等著. — 沈阳：东北大学出版社，
2021.12

　　ISBN 978-7-5517-2873-7

　　Ⅰ. ①抚…　Ⅱ. ①缪…　Ⅲ. ①露天矿—边坡防护—研
究—抚顺　Ⅳ. ①TD804

　　中国版本图书馆 CIP 数据核字（2021）第 263456 号

──────────────────────────────

出 版 者：东北大学出版社
　　　　　地址：沈阳市和平区文化路三号巷 11 号
　　　　　邮编：110819
　　　　　电话：024-83680176（总编室）　83687331（营销部）
　　　　　传真：024-83687332（总编室）　83680180（营销部）
　　　　　网址：http：// www.neupress.com
　　　　　E-mail: neuph@neupress.com
印 刷 者：辽宁一诺广告印务有限公司
发 行 者：东北大学出版社
幅面尺寸：170 mm×240 mm
印 　 张：13.5
字 　 数：214千字
出版时间：2021年12月第1版
印刷时间：2021年12月第1次印刷
策划编辑：石玉玲
责任编辑：廖平平
责任校对：石玉玲
封面设计：潘正一

──────────────────────────────

ISBN 978-7-5517-2873-7　　　　　　　　定 价：75.00 元

内容简介

本书基于采矿技术科学和力学基础知识，采用现场调研、理论分析、数值方法和现场实时监测相结合的研究方案，对抚顺西露天矿蠕变-大变形滑坡体边界综合判定、隐患体综合观测及短临预报、蠕变-大变形高陡边坡综合防治措施等方面开展研究，所得结果为抚顺西露天矿南帮蠕变-大变形高陡边坡的综合防治提供科学依据，取得了良好的经济效益。其中，第1章介绍了抚顺西露天矿开采历史，提出南帮边坡的蠕变-大变形防治难题，并总结了国内外相关理论、预警及防治技术的研究现状和存在的问题；第2章详细介绍了抚顺西露天矿地层和开采现状及水文地质和工程地质特征；第3章详细介绍了物理力学特性试验、软岩三轴压缩蠕变-大变形试验研究方法和结果，建立了软岩BNSS蠕变损伤模型，并进行参数识别；第4章详细介绍了蠕变-大变形高陡边坡破坏失稳机理和验证方式；第5章详细介绍了危险区域的测量方案和监测技术，提出了大变形滑坡体西南侧坑口油厂的高陡边坡滑体边界多元判定关键技术方案和安全保障措施；第6章详细介绍了露天矿边坡变形的过程和发生滑坡灾害的四个阶段，针对性地提出隐患体综合监测及预测预报方法；第7章详细介绍了露天矿蠕变-大变形高陡边坡稳定性的计算方法和结果评价分析；第8章介绍了抚顺西露天矿蠕变-大变形高陡边坡综合防治技术及治理效果。

本书内容丰富，资料翔实，从实际出发，深入浅出地剖析了以滑坡为典型的地质灾害的机理、预测方案和防治技术，获得了许多成果，并针对现场存在的问题进行了大量实测研究，获得的成果通过实践检验在防灾减灾方面具有良好效果。本书既可以帮助相关专业的研究生进行该领域的学习，也可供工程设计人员参考借鉴。

前言

PREFACE

　　露天矿的边坡稳定是影响整个矿区安全生产的关键技术问题，也是采矿工程、岩土力学等学科领域的重点研究内容之一。抚顺西露天矿在百年的开采过程中，共开采出煤炭资源10亿多吨，目前已经形成长约6.6 km、宽约2.2 km、最大深度超过400 m的深陡露天大矿坑，扰动面积超过15 km²。西露天矿的水文地质条件极其复杂，存在滑坡、泥石流、地表沉降等多种地质环境灾害风险。2009年以来，抚顺西露天矿南帮高陡边坡上部出现了两条东西向延伸、间距为80～150 m的弧形趋平行的裂缝。2012年年底，露天矿坑底出现明显底鼓现象，地表两条裂缝持续增大。2013年第一季度末，露天矿南帮整体边坡发生大变形，矿坑底部底鼓现象愈发明显，两条地表裂缝的长度和宽度均剧增，裂缝总长度超过了2.7 km，露天矿南帮大变形体前缘与后缘之间的距离达到1.5 km，整个南帮大变形体面积约2.9 km²，初步估算滑体体积超过1亿m³，滑体南北向最大水平变形量达150 m，垂直向最大变形量达80 m，变形速率在13 mm/d以上，最大时达到200 mm/d。体现出来的主要问题为南帮高陡边坡发生了蠕变-大变形。

　　抚顺西露天矿南帮高陡边坡蠕变-大变形综合预警及防治技术研究，成为了影响露天矿安全生产的重大课题。为研究软岩蠕变-大变形机理，对弱层软岩进行了压缩蠕变实验，结果显示，软岩常规应力-应变曲线表现出了明显的由弹脆塑性向弹塑性转化的趋势，且对围压的敏感度较高；

根据蠕变损伤原理，将M-C模型中的应变软化（S-S）特性引入蠕变损伤方程中，建立软岩蠕变-大变形BNSS损伤模型，得到蠕变软岩黏聚力和摩擦角随着蠕变的扩展而衰减的规律，并通过数值模拟得到了验证；采用InSAR干涉雷达测量、SSR边坡稳定雷达监测、IMS微震监测、钻孔影像、D-InSAR、MAI矿区滑坡遥感监测等技术，综合确定了大变形体后缘（裂缝）、左右、深部和前缘（底鼓）边界；采用红外热成像仪和SSR边坡稳定雷达对西露天矿大变形边坡进行监测，推断高陡边坡可能存在的断层和破碎带及滑坡变形所处阶段；采用有限元方法，结合RFPA软件，对西露天矿不同工况（现状、设计和压脚回填三种工况）条件下的边坡破坏模式进行了模拟验证，得出西露天矿大变形边坡变形破坏模式呈现"拉裂—滑移—剪断"三段式特征。

防治技术方面，针对抚顺西露天矿南帮边坡长期蠕变特性，采用了"分区域、分区段"治理、"有效防水"、"调整采矿布局"等综合防治措施：对坑口油厂装置区采用抗滑桩工程；对裂缝带采用注浆工程；对地下水采用防汛系统建设；对主变形区域实施回填压脚工程。在此基础上对露天矿整体采矿布局进行了调整。

西露天矿区高陡边坡安全问题的解决，对于保护矿区周边建（构）筑物、公共设施及居民生命财产安全，构建良好的生存生活环境，促进矿—城协同发展，维护社会稳定具有重大的经济、环境和社会效益。同时，随着全国各类型露天矿逐渐向深部延伸，高陡边坡的安全问题也将成为各露天矿面临的共性问题，抚顺西露天矿高陡边坡综合预警和防治技术的研究，可为该类型矿山的安全保障提供技术支撑及工程示范。

本书共分为八章，主要包括两部分的研究。第一部分是关于软岩蠕变-大变形实验及本构模型等机理方面的研究及成果；第二部分包括滑体边界多元判定关键技术、隐患体综合监测和短临危险性预报关键技术等综合预警技术，以及蠕变-大变形高陡边坡综合防治技术的研究及成果。

著者得到了中国煤炭科工集团沈阳研究院有限公司王建国研究员和辽宁工程技术大学王来贵教授的悉心指导和无私帮助。此外，在试验室试验和现场试验中得到了辽宁工程技术大学孙闯、杨建林，中国煤炭科工集团沈阳研究院有限公司纪玉石研究员、朱新平研究员、韩猛、李明、马明康、赵雪、马熹焱、姜天琪、王丹、苑睿洋的大力协助，对他们的付出表示感谢。

　　本项研究得到了国家重点研发计划（2017YFC1503100）、国家自然科学基金重点项目（U1361211）和国家自然科学基金面上项目（51274122）的资助。著者对长期关心和支持本项研究的领导、专家、学者和工程技术人员表示诚挚的谢意。

　　由于著者水平有限，不足和错误在所难免，恳请同行和读者予以指正。

著　者

2021 年 10 月

目 录
CONTENTS

1 绪 论

▶ 1.1　抚顺西露天矿概况

抚顺市是我国重要的老工业基地，是一座因煤矿而兴起的重工业城市，新中国成立初期被誉为"煤都"，这里有闻名全国、享誉世界的亚洲最大的露天煤矿——抚顺西露天矿。矿山主要产品为优质煤炭和油母页岩，抚顺的煤炭资源为国家的经济建设做出了重要贡献。

1900年12月9日，经光绪皇帝批诏，抚顺煤矿"开采批准书"正式下达。民族资本家王承尧随即组建华兴利公司，从1901年2月开始产煤，每日产煤少则50 t，多则350~400 t。王承尧以中国民族资本办矿，成为近代抚顺煤矿开发史上的首任矿主。

1909年9月，清政府同日本政府缔结了所谓《中日邻善条约》，以纳税为条件，承认了日方的采掘权。到1911年，日本侵略者已经将矿权拓展到包括矿界、运输、出税、免税、收买民地等项目在内的多项条款，并规定采掘期为60年，且如届期尚未采尽，可再行延期。

1945年8月15日，日本战败，苏联红军接管抚顺煤矿。同年12月，抚顺煤矿包括西露天矿重新回到中国人民手中。

1948年10月31日，抚顺解放，受尽屈辱和压榨的抚顺煤矿工人终于获得自由。新中国成立后，他们满怀着对新中国的无限热爱，激荡着建设美好家园的炽热豪情，加班加点搞大干，无私忘我做贡献，在很短的时间内，就为年轻的共和国献上了第一吨煤、第一包铝、第一桶油、第一炉钢。

1948 年 12 月末，抚顺矿务局组织机构正式建立，包括西露天矿在内的各矿工作开始逐步走上正轨。

从 20 世纪 50 年代起，西露天矿先后对原有生产工艺实施了 5 次技术改造。到 1991 年，抚顺矿区的露天矿已经基本形成"分区开采、联合运输、内部排土"的开采体系，一举实现了各开采工艺和开采环节设备的现代化。新中国成立以来，西露天矿已经累计生产煤炭 2.8 亿 t、油母页岩 5.3 亿 t，为国家经济发展和建设做出了巨大贡献。近年来，西露天矿先后荣获了"全国煤炭工业先进集体""国家一级安全生产标准化煤矿""煤炭工业特级安全高效矿井"等称号。

▶ 1.2 露天开采现状

1.2.1 煤炭

2013 年年末，矿坑界内煤炭剩余储量 487.3 万 t。其中，F_5 断层以东煤炭储量 87.3 万 t，包括 E2100～E2300 因 24 段片帮滑落物料压煤 7.3 万 t、可采煤炭 80 万 t；F_5 断层以西煤炭储量 400 万 t，包括南帮回填压脚工程排弃物料压煤 170 万 t、继续南帮回填压脚工程将压煤 96.6 万 t、沿坑底 −280～−320 m 公路向北扩采可采出煤炭 42 万 t，该公路以下通过降深采掘可开采出煤炭 91.4 万 t。

1.2.2 油母页岩

2014 年西露天矿油母页岩富矿尚有可采储量 276.8 万 t。其中，废除北帮 29 公路 E1350 以东的运输系统，调整坑底最终开采深度，合理回收油母页岩富矿 30.8 万 t，界内油母页岩富矿 246 万 t。在西露天矿提升系统正常运转的情况下，2014 年储量可连续自供至 3 月末，供应量 145 万 t；4 月初至 9 月中旬不连续供应，需要东露天矿联合供应；同年 9 月中旬之后，由东露天矿单独供应。但从当年西露天矿的提升系统状况看，油母页岩富矿需要东露天矿通过 +20 m 提升运输系统全年联合供应，西露天矿油母页岩富矿根据提升运输系统状态，从 2014 年年初开始，不连续供应。

1.3　西露天矿南帮滑体及变形特征

1.3.1　南帮滑体特征

西露天矿南帮滑坡于 2010 年 9 月被发现，初现时千台山南坡岩土体多处出现地表裂缝，并由最初的点状单一裂缝向贯通的线状发展。2011 年年底，地表裂缝有了明显的发展；2012 年 3 月，地裂缝发展为南北两条，东西向弧形分布，凹向北，总长约 3100 m，最大断陷带宽度约 13 m。此后，地裂缝开裂强度不断加大、加深，并伴有错落下沉，形成滑坡后缘的陡坎和洼地，影响范围、破坏程度进一步扩大。在后期的巡查中发现，南帮坡体中部砌体拉裂、前缘鼓胀隆起，逐步显现出典型的滑坡特征。

如图 1.1 所示，目前西露天矿南帮滑坡平面呈倒扇形，后缘（南侧）宽阔、前缘（北侧）略呈收口状，南北横宽约 1200 ~ 1500 m，东西纵长约 3100 m；东以 F_5 断层为边界，西至千台山南坡矿区炼油厂厂区东侧围墙，南至千台山南坡抚顺三元助剂有限公司、永鑫水泥制品有限公司、佳化化工厂、万恒门业一带，北至坑底北帮坡脚。滑坡体垂直高差 400 ~ 500 m，威胁企业 11 家，威胁人员约 1311 人（主要指常住人员及工作人员）。

西露天矿南帮滑坡滑面主要有两层：上层滑面位于玄武岩夹煤线、玄武岩夹凝灰岩层中，最大深度为 80.9 ~ 190.8 m；下层滑面为太古代花岗片麻岩之上的古风化壳，最大深度为 195.2 ~ 251.6 m。滑坡体投影面积为 3.37 km²，整个滑体约 4.52 亿 m³，为巨型深层顺层岩质滑坡，主滑方向为北。

图1.1　西露天矿南帮滑坡分布图

1.3.2　变形特征

（1）变形发展阶段

从2012年8月西露天矿南帮地裂缝初现至2019年10月，监测数据显示，滑坡体一直处于持续滑移状态。通过对历史监测资料和监测数据的总结分析，得出滑坡变形过程分为4个阶段的结果：初始变形阶段（2012年8月—2013年3月）、等速变形阶段（2013年4—7月）、加速变形阶段（2013年8月—2014年3月）和持续变形阶段（2014年4月—2019年10月），如图1.2所示。

（2）变形速率

① 初始变形阶段（2012年8月—2013年3月）：水平变形速率大于5 mm/d，滑坡体处于缓慢持续滑移状态，总体滑动方向是向北（矿坑内）。

② 等速变形阶段（2013年4—7月）：2013年3—4月冻融期后，滑坡体中部变形与后缘同步，且中部变形速率略高于后缘；4月中旬以后坡体上部变形较下部强烈。平均变形速率4.49～22.1 mm/d，平均垂直沉降速率 −13.0～11.6 mm/d。

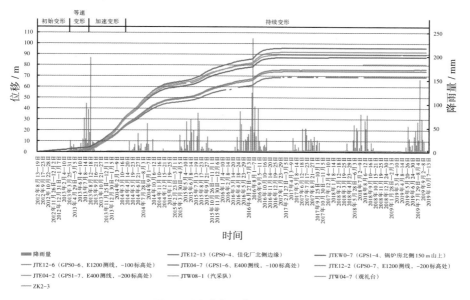

图1.2 滑坡变形发展阶段划分

2013年4月3日开始进行回填压脚，该阶段内回填压脚土石方量为215.46万 m³。回填部位由坑底东部逐渐向东-中转移，面积增大，包含坑底前缘鼓胀区，在此阶段内回填压脚对滑坡的影响程度较小。

加速变形阶段（2013年8月—2014年3月）：受到抚顺"8·16"强降水的影响，滑坡进入加速变形阶段，位移速率明显加大，最大日位移量达130 mm/d。周水平速率52.8~79.87 mm/d，2014年冻融期变形速率达到200 mm/d，周垂直变形速率-45.83~16.39 mm/d。该阶段水平变形速率最高可达200 mm/d。回填部位为坑底东-中部，受降水影响，滑动加剧，加快坑内回填速度，增加回填土石方量，该阶段内回填压脚土石方量为437.28万 m³，累积回填压脚土石方量为654.10万 m³，对滑坡滑动起到暂时性阻滞作用，变形出现回缓。

持续变形阶段（2014年4月—2019年10月）：2014年枯水期后水平速率回落到80~110 mm/d，之后出现多次波动现象。汛期来临时又重新进入加速状态，汛期过后进入减速阶段。之后出现多次阶梯性抬升现象，滑坡一直处于加速变形阶段。其中，2014年汛期最大水平变形速率可达160 mm/d；2015年汛期最大水平变形速率可达92.59 mm/d，之后变形速率呈波动性回缓；2016年汛期最大水平变形速率达159.8 mm/d，后速率呈波动性回缓。期间增大了单日回填量，变形趋势得到控制。2017—2019年冰雪融化期和汛期，滑坡并未出现往年变形幅度巨大的情况，只出现小幅的抬升和回落，汛期最大水平变形速率为13.9～50 mm/d。该阶段内回填压脚土石方量为2459万 m³，累计回填土石方量为3578.05万 m³。

从监测数据上看，回填压脚治理措施在滑坡的运动中起到至关重要的作用，尤其是加速变形与持续变形阶段，可以对滑坡起到阻滞作用，且效果显著。

2017年汛期最大水平变形速率达26.1 mm/d，2017年汛期降水较少，汛期与非汛期的变形速率差异性较小；2018年西露天矿南帮变形较小，汛期最大水平变形速率为15 mm/d；2019年汛期，西露天矿南帮滑坡最大水平变形速率为50 mm/d。

截至2019年12月31日，监测数据显示南帮滑坡最大水平位移值为96.01 m，垂直位移最大沉降值为 −56.65 m，最大抬升值为23.61 m。

▶ 1.4 抚顺西露天矿南帮变形防治意义

抚顺矿业集团有限责任公司坑口油厂装置区位于南帮主滑体西南侧边缘外部（如图1.3所示），作为抚顺东、西露天矿两座矿山采油母页岩的加工提炼厂，所产页岩油是抚顺矿业集团有限责任公司至关重要的经济来源。从2013年6月起，西露天矿南帮大变形逐渐严重，直接导致装置区地面、部分构造和建筑物出现扭、拉、张裂缝，西露天矿西南角坑口油厂装置区的建（构）筑及安全生产受到极大影响。如不采取合理、有效的防治方法和治理措施，装置区变形将持续加大并进一步恶化；若最终搬迁，则将耗费大量财力、物力和人力，并使抚顺东、西露天矿的油母页岩油产业链中断，必将产生巨额经济损失，甚至影响抚顺市经济发展。

同时，若未及时、有效地缓解或从根本上解决抚顺西露天矿南帮边坡大变形，使得边坡变形进一步恶化，将有可能导致整个露天矿直接停

图1.3 坑口油厂与南帮主滑体位置关系示意图

产，并直接影响周边一定范围内居民人身和建（构）筑物的安全。本书的研究成果，可为抚顺西露天矿边坡滑坡灾害防控提供科学依据，有效降低西露天矿区治理过程中存在的潜在风险，解除矿山开采对城市安全的威胁，减少灾害造成的经济损失、人员伤害，使有限的治理经费被用在关键地方，避免治理的盲目性和资金浪费；能够提高抚顺西露天矿监测精度和环境地质灾害滑坡、地表变形等预测预警的准确率，保障抚顺西露天矿山的可持续性安全开采，提高矿山资源开发能力，延长矿山服务寿命，产生显而易见的经济效益和社会效益；也可为全国相关露天矿区的边坡防治提供工程示范和技术方案，具有广泛的应用前景。

以上主要阐述了开展抚顺西露天矿蠕变-大变形高陡边坡综合预警及滑坡防治技术研究的工程意义。科学意义体现在：在岩石力学学科领域中，研究人员主要开展软岩蠕变及损伤相关研究，尚无软岩蠕变-大变形试验、本构模型等方面的研究；在安全科学领域，对于蠕变-大变形高陡边坡边界的综合判定及滑坡防治也尚无相关报道。因此，蠕变-大变形高陡边坡综合预警及滑坡防治技术研究将成为岩石力学、安全科学及采矿工作者亟待解决的问题，这对保障露天煤矿安全生产具有重大的经济和社会意义。

▶ 1.5 国内外理论与防治技术研究现状

1.5.1 流变蠕变理论研究现状

流变学的主要研究内容为物理材料在外在条件下与时间因素相关的变形和流动的内在规律，外在条件包含温度、湿度、应力、应变及辐射等[1]。流变学起源于 1920 年，是继经典力学、弹塑性理论、分析力学和牛顿流体理论之后的力学理论框架中新的组成部分。国外最早对泥岩、砂岩开展蠕变试验的是 D. Griggs 教授[2]，此后众多专家、学者在各自的研究基础上开展了系列试验与研究。E. Maranini 等充分考虑循环加载作用，并开展岩石单轴和三轴压缩蠕变试验，试验结果显示蠕变使得岩石试样扩容得到了限制，进而减少了岩石的脆性破裂区域，还易使得岩石发生塑化[3]。P. Jamsawang 等以某排水管道在施工过程中的边坡破坏为背景，通过分析现场监测数据，得出使渠道发生破坏的最主要原因是超软黏土的不排水蠕变特性和时变变形的结论，分析了软土蠕变有限元[4]。M. Hadiseh 等开展岩石的单轴压缩、蠕变试验，结果显示弹性模量、轴向峰值应力和应变等均随着应变率的增加而逐渐增加[5]。G. Peng等利用 MTS815.02 岩石力学液压伺服试验，系统开展了泥岩蠕变试验，得到了泥岩蠕变过程的实验数据，并在分数阶微积分的广义 Kelvin 模型基础上，实现了压缩作用下泥质砂岩蠕变参数的拟合[6]。Z. M. Tomanovic 等开展了泥灰岩样品的单轴压缩试验，并通过结果分析，提出了岩石蠕变试验时间的确定标准[7]。H. Zhang 等通过开展一系列完备的限制性岩石剪切蠕变试验，建立了全新的用于描述岩石约束条件下剪切蠕变过程渐进破坏蠕变特征的塑性非线性模型（PFY 模型），该模型的计算值与试验获取的蠕变破坏时间差别极小，说明 PFY 模型很好地描述了岩石的蠕变特性[8]。

陈宗基教授在国内最早开展了蠕变试验[9]，近些年来取得较好的发展。姚远等应用了在 Burgers 流变模型基础上的数值算法，对四川省峨胜水泥采场含有缓倾斜弱层的边坡稳定性进行了分析，结果显示，可用 Burgers 模型来阐述缓倾斜弱层的流变特性[10]。刘干等采用了变形监测和蠕变试验相结合的方法，基于边坡时效理论和岩体蠕变理论，揭示了新疆某露天煤矿弱层层位及蠕变特性，并根据该露天矿山软弱夹层的分布和蠕变规律，提出了边坡服务的有效时间，具有极其重要的应用价值[11]。高芳芳通过对阿勒山露天煤矿失稳边坡岩样开展三轴剪切试验，得到不同围压和应力作用下滑带土试样的应变变化规律，并根据等时曲线法综合确定了滑带土的长期强度，结果显示，位于层间薄层的滑带土具有明显的蠕变特征[12]。廖珩云等在现场调查、试验研究的基础上，对美姑河拉马古局部复活滑坡进行了研究，基于分级加载方法确定了滑带土的蠕变特性[13]。张浴阳等从澜沧江某水电站的倾倒变形边坡中取样来进行三轴蠕变试验，分析了层间破碎带边坡土体的蠕变特性，提出了适用于蠕变特征曲线的 Burgers 模型及参数[14]。左巍然等通过开展三轴蠕变试验，在传统的西原模型中低应力蠕变方程增加了宾哈姆体，从而得到符合炭质页岩蠕变特性的修正模型，并基于此分析了 G319 泸溪段某边坡夹层中炭质页岩的蠕变规律[15]。戴祺云等开展了某水电站坝区软岩的大型刚性承压板变形试验，进一步分析了软岩的变形规律，结合试验结果，建立了坝区软岩的压缩蠕变模型并计算流变参数，为该水电站坝区工程的设计和施工提供了数据支撑[16]。周晓飞等采用了直剪蠕变仪对边坡体的泥质夹层进行了直剪蠕变试验，采用幂函数拟合了泥质夹层剪切蠕变变形随时间的变化规律，提出基于幂级次边坡泥质夹层长期强度的获取方法，并与传统等时曲线法进行比较分析[17]。秦哲等对不同饱水-失水循环次数的莱州仓上露天坑边坡岩样进行三轴蠕变试验，在研究蠕变应变时间曲线及蠕变速率曲线的基础上，揭示了岩石在不同饱水-失水循环作用后的蠕变变化规律[18]。赵静通过位移反演算法确定了辽宁东部某河道滑坡蠕变强度参数，并通过数值模拟手段确定了该河段边坡滑坡的整体位移，研究成果便于开展河道边坡蠕变强度参数反演，并为工程设计提供支撑[19]。刘康琦等采用 FLAC[3D] 软件对我国某水电站库区混合体边坡进行数值建模，基于强度折减法对该边坡开展了稳定性计算，重点研究了蠕变特征及参数对混合体边坡变形破坏特征和稳定性的影响[20]。王淑豪等通过 Kelvin-Voigt 蠕变模型，对典型的红砂岩采取了分级增量循环加卸载方式进行了蠕变试验，获得应力–应变随时间变化的规律，该成果可为该类型边坡稳定防控等提供实验基础[21]。唐佳等通过开展湖北潘口水电站进水口边坡岩体的蠕变试验，获得应力–应变曲线和蠕变参数，在摩尔–库伦准则中引入 M–C 塑性元件，构建了改进的 Burgers 蠕变模型[22]。周军等通过研究基坑边坡稳定状况，分析变形破坏模式，并通过分析基坑边坡的蠕变特征，研究对应原理求解黏性问题的有效性，并就该类问题进行求解解析[23]。赵洪宝等采用自主研发的剪切蠕变细观试验装置，结合软弱煤岩细观力学特性测控软件，开展了针对潜在滑坡区红砂岩的剪切蠕变试验，得到了岩样破坏后破裂面形态特征与剪切蠕变强度之间的关系，初步探讨边坡的滑移机制[24]。王如宾等为充分了解左岸岩石高边坡稳定性，建立了含软弱结构面的地质模型，并在西原模型和有限差分算法的基础上，对左岸边坡岩体在正常蓄水位下的长期蠕变行为进行了模拟，模拟结果与现场监测所得位移变化趋势趋于相同[25]。T. H. Yang 等以某露天矿北部边坡为背景，对北坡取样进行了直剪蠕变试验，研究了岩体的流变特性，采用经验方法对试验结果进行了分析，建立了岩体流变学模型，分析了边坡的蠕变变形行为，并预测其长期稳定性，指导矿区在适当的时间采取适当的措施以增加安全系数并确保稳定性[26]。K. T. Chang 等采用了基于地质力学的数值模拟方法，介绍了某板岩滑坡场地的野外调查结果，阐述了某边坡蠕变成因和演化历程[27]。Y. B. Zhu 等采用 GDS 非饱和三轴仪对不同基质吸力作用下的软弱夹层土开展了三轴蠕变试验，试验结果得到了该类型边坡弱层土的非饱和蠕变特性，直接影响着路堑边坡的稳定性[28]。M. J. Sun 等对某滑坡滑带土进行了三轴排水蠕变试验[29]。S. S. Lin 等采用了离散元法研究了一处黏土质顺层边坡的变形破坏特征，分析了边坡蠕变和变形的特征[30]。X. G. Wang 等以三峡库区典型滑坡砂岩为研究对象，进行了蠕变试验，研究了渗流压力与应力耦合作用下砂岩的蠕变行为[31]。N. H. Zhao 等对三峡库区黄泥坝滑坡边坡进行现场调查，分析了滑坡的局部变形特征和现场监测资料，在研究该边坡变形机理的基础上，判定该边坡处于蠕变变形阶段[32]。J. D. Wang 等在分析西藏帮浦矿区采场边坡花岗岩剪切流变试验曲线的基础上，建立了基于本构模型的超线性黏塑性模型（SLVP模型），结果显示SLVP模型可较好地解释花岗岩的三个剪切流变阶段，并很好地拟合了加速流变阶段的岩石特性[33]。

1.5.2 隐患体观测研究现状

露天矿边坡的稳定性是安全生产的基础，其中，边坡监测对于分析和维护稳定性起着至关重要的作用，国内外学者长期、积极地探索边坡监测的新技术、新手段。随着监测技术的进步，GNSS、InSAR、SSR等被逐渐应用于边坡监测，三维激光扫描和近景摄影测量技术也在边坡隐患体观测方面得以被广泛应用。

GNSS监测系统因时效性、全天候、连续性和高精度等特性优势，在桥梁、坝体、建筑和边坡等领域被广泛应用。奥地利学者F. K. Brunnalm对滑坡进行以24 h为周期的监测，监测精度可达毫米级[34]。西班牙加泰罗尼亚大学对比利牛斯东部的Vallcebre滑坡开展了为期26个月的监测，水平监测精度达12～16 mm，高程监测精度达18～24 mm[35]。意大利帕多瓦大学对阿尔卑斯山南部的LA Valette滑坡进行研究，采用单品接收机静态处理的方式，水平精度24 mm，高程精度74 mm[36]。韩静在泾阳南塬滑坡隐患区进行BDS和GPS组合监测，通过GNSS与全站仪监测结果对比分析，证明短基线相对定位技术可以在滑坡监测中被独立应用[37]。门夫设计的高精度GNSS形变监测数据处理系统包含监测子网管理、测站管理、数据三方向残差实时解算等模块，该系统可准确无误地显示各监测点的详细位置并实现实时监测[38]。现阶段，我国多个城市已经建立地面沉降监测网[39-42]，GNSS技术的进一步提升也带来了定位精度的提升，监测效果日益完善。

InSAR技术，即合成孔径干涉雷达技术，通过结合合成孔径雷达和干涉测量技术实现。原理是利用两幅或多幅雷达影像图，根据飞机或卫星接收到的回波相位差来产生数字高程模型或地表形变图，它在地表位移监测方面有较高的应用价值。1989年A. K. Grabriel等首次运用InSAR对美国加利福尼亚州东南部的Imperial Valley灌溉地区的地表变化进行测量，实现了厘米级精度[43]。1995年，法国科学家Achache带领团队采用InSAR技术对法国南部Saint-Etienne-de-Tin滑坡进行了监测，干涉图分析法和常规离散观测法的结果吻合度很高，这是首次将该技术运用于滑坡监测领域中。我国在InSAR原理、技术、潜力等理论方面进行了大量研究[44-48]，近年来在边坡监测方面也取得了一些进展：杨红磊等在某露天矿通过现场试验，采集的实时边坡图像可以反映边坡在监测期间的运动进程，证实了InSAR技术在边坡监测中的有效性[49]。李如仁等通过集成GN-InSAR与GIS监测技术，对内蒙古大唐国际锡林浩特矿业东二号露天矿南帮边坡开展了持续的实时监测，为该露天矿向深部拓展和延伸提供了技术保障[50]。王天宇等将InSAR技术应用于某公路边坡监测中，发现在降雨期间边坡会发生集中变形，监测成果为边坡防治提供了重要的数据支撑[51]。

澳大利亚生产的边坡稳定雷达（SSR）专门用于监测露天矿边坡的稳定性[52]，在具有高精度、全天候等优势的基础上，还能够被安装在专用拖车上，实现在现场方便快捷地移动。我国引入之后已经在多个地区实现应用：赵健存等在抚顺集团西露天矿应用SSR技术进行监测，2016年1月4日凌晨2时许，SSR发出监测警报，矿上马上通知露天矿作业人员及设备及时撤出危险区域，保障了人员及设备的安全[53]；李兵权等在浙江绍兴某道路进行边坡稳定性监测，发现存在1处位于施工现场堆积区的明显变形区，最大变形速率达到3.5 mm/d，实现了地基真实孔径雷达微小形变监测实用化[54]；王斐等在平朔东露天煤矿对10个重点监测变形区进行13小时检测，记录7次监测数据，直观地分析出研究区基本稳定，无明显滑坡变形迹象[55]。

TSL技术，即三维激光扫描技术，是20世纪90年代中后期研发的新型测量技术，该技术通过发射和接收激光来实现对监测目标的扫描，建立三维模型，通过DEM差分比较获得目标变化信息，避免了单点测量的局限，是继GPS技术之后的又一次重大技术突破[56-57]。TSL技术已经在我国的实际工程监测中得到普遍应用：钟涛在山西某露天矿边坡变形监测项目中，对三维激光扫描技术和常规测量方法所得的结果进行比较，TSL技术的结果更加稳定可靠，优势明显[58]；常明等采用LMZ620三维激光扫描仪实现对某边坡的观测，并进行了数据素化处理，在第六次观测时成功预测滑坡，有效地进行了预报[59]；刘钰等在分析实际工程案例的基础上，提出了工作原理、点云数据拼接与配准、误差等因素对边坡监测数据的影响[60]。

近景摄影测量技术（close-range photogrammetry）通过对 300 m 范围内的监测目标进行影像数据采集及解析，可获得目标的大小、形状、坐标等关键信息，进而得到观测目标的变形信息。Y. Ohnishi 等开发了一种从多个方向拍摄大量图像从而再现边坡形状的监测系统，无须设置任何控制点，定量论证了基于距离变化的边坡监测技术[61]。A. N. Matori 等对 2007 年和 2008 年在马来西亚拍摄的立体照片进行数据捕捉，将照片上的采样点数据转化为地面坐标系，分析当地一年时间内的地表变化，分析结果精度为厘米，体积差小于 0.5%[62]。D. Akca 在瑞士北部 Ruedlingen 的森林边坡进行人工降雨引起滑坡的试验，通过 4 个摄像头组成的摄影测量网络进行监控，建立了降雨与边坡稳定性的影响关系[63]。项鑫等通过对大量监控点进行试验分析，认为提高监测精度的关键在于如何选取合适的基高比、摄影基线和深度[64]。刘志奇等为弥补近景摄影测量存在如，建立立体模型、数据处理复杂、数据量大、难以进行实时监测等缺点，提出了一种具备远程传输和实时监测的单像滑坡监测方案[65]。

近年来，监测新技术发展迅猛，每种技术都有自己的特点，针对不同的实际工区情况应选择不同的监测技术，才能达到经济、实用、高效的监测效果。

1.5.3　短临危险性预测研究现状

滑坡预测指对坡体何时发生失稳、何时发生剧滑的预测预报，即滑坡时间预报。如何确保准确地对露天矿边坡提出短临预测预报，直接影响露天矿边坡的防护、人员设备的安全。根据滑坡所处变形阶段的不同，通常将滑坡预测预报分为中长期预报、短期预报和临滑预报，其中以临滑预报最为关键。

根据建立方法不同，将滑坡预测预报模型分为三类，即经验预报模型、统计分析模型和系统综合预报模型。

（1）经验预报模型

经验研究模型主要指长期从事滑坡临滑分析的专业人士，对于现场边坡的变形和特殊地理条件进行整理分析，进而建立边坡变形与滑坡发生时间的对应关系，经验预报模型要求从业人员经验丰富、对边坡灾害综合理论应用能力强，但往往该模型也存在一定局限性，甚至会因不同专家看法不同而受到较大影响。日本学者 M. Saito 通过对土体在各种应力作用下的变形破坏规律进行分析总结，第一次提出了土体蠕变破坏三个阶段理论，建立了斋藤模型，之后不断有学者将这个模型应用到具体工程实例中[66]。李明华致力于解决滑坡工程学中的理论和实践问题，通过对滑坡物理模型的试验研究，在实验室短期内重复模拟实际工程中较难观测的滑坡发育的全过程[67]。H. Suwa 等通过分析滑坡测震仪测得的震动能量，发现变化过程分为4个阶段，对滑坡预测预报具有指导意义[68]。

（2）统计分析模型

统计分析模型，即通过不断进步的数值处理方法和数据统计分析方法建立预测模型，拟合和优化滑坡位移-时间曲线。C. O. Brawner 等采用 Verhulst 函数及其反函数残差模型来分析预测 Hogarth 滑坡位移-时间曲线[69]。李天斌在 Verhulst 反函数的基础上提出了滑坡预测预报模型[70]。王年生提出位移动力学分析法[71]。栾婷婷等详细归纳了滑坡预报预警中空间、时间、强度对十余种模型的应用类型、使用方法及预警判据，并重点介绍了 Verhulst 模型法和人工神经网络法，为滑坡预警研究提供了理论依据和支撑[72]。

（3）系统综合预报模型

王秋明等在集成滑坡监测资料数据库及滑坡失稳预报模型的基础上，建立了滑坡监测数据处理预报软件系统，该系统包括4个层次的滑坡失稳预报模型和3个变形阶段[73]。李秀珍等以 GIS 为平台，提出了滑坡综合预测预报信息系统，将以监测资料为依据的滑坡定量预报和以专家经验为依据的滑坡定性预报有机结合起来，采用智能决策理论和方法实现了滑坡的综合预测预报[74]。崔巍等将多种滑坡预测方法组合，构建出变权重组合预测模型，并用该模型对新滩滑坡进行了位移拟合及预测[75]。

M. Azarafza等引入以提供初始预测的岩石斜率，通过应用简单的假设以反映不同的故障机制稳定性评估，他们调查了200个区域，收集了必要的岩土技术数据，结合边坡倾斜角度估计了它们的稳定关系，在Python高级别代码中实现了预测系统[76]。

滑坡灾害预测预报方法分为以下6种：统计归纳法；灰色系统理论；时序分析法；非线性理论方法；系统理论方法；多元信息融合法[77-82]。滑动面形成后的预报即短期预报和临滑预报，此时通常采用统计归纳法、灰色系统理论、时序分析法或非线性理论方法。若滑动面未知，且影响因素不确定，此时的预报复杂性提高，可采用系统理论方法和多元信息融合法综合分析。针对露天矿边坡情况，多元信息融合法考虑了矿山四维时空及作用因素的动态变化，针对性和实用性更强。

1.5.4 边坡防治技术现状

在滑坡地质灾害的防护技术中，常见的深层防护加固手段及技术主要有抗滑桩、锚索、回填压脚等；浅层措施分为柔性网、植被（生态）护坡和土钉墙等。考虑到防护加固措施与边坡之间的关系，可分为直接加固和间接加固两种技术手段。直接加固手段直接作用于边坡体上，通常为锚杆锚索、抗滑挡墙、抗滑键和抗滑桩等；间接加固是通过控制影响边坡稳定性的其他因素来加固边坡，如可以采取防排水工程（如在地面截排水沟、排水孔，设置护坡防渗工程，注浆加固等）来控制地下水渗流对边坡的影响，间接加固措施还包括边坡体上部削坡、清方，边坡体下部压脚等。

目前，关于边坡防治的研究与工程众多，面对不同的实际问题应采用不同的解决办法。张廷国通过深入研究某高速公路建筑工程滑坡现象成因，分析受顺层滑移影响下的路堑边坡治理方案，研究成果可为我国路堑边坡滑坡的有效防治提供帮助，进而保障高速公路安全施工质量[83]。祝李京等针对某地铁车站基坑放坡开挖过程中，在诸多外在因素影响下发生的边坡滑移现象，分析了产生滑移的原因和采取的相应措施，为后续类似建设积累经验[84]。王颖分析某在建高速公路边坡滑移原因，采取了抗滑桩防治措施，可以为类似条件下的地质灾害处理提供参考[85]。李晨通过筛选边坡稳定计算方法，以某路堑高边坡局部滑坡为例，进行了边坡加固方案的对比和设计，总结的经验和设计方案可为相似工程提供借鉴[86]。王壮等通过透明土模型试验研究坡顶荷载作用下土岩界面接触滑移机理和规律，实现了土岩边坡内部滑移变形的可视化，失稳后采用双排抗滑桩的边坡防护措施，有效地延缓了边坡土体内部位移，提高了土岩边坡的稳定性，研究成果为揭示土岩边坡滑移机理及工程防护的有效性提供了重要的理论依据[87]。莫忠海等以某顺倾边坡防治方案为例，强调若顺层边坡赋存于公路路堑边坡中，在开挖过程中须开展有效加固措施以防止顺层滑移的产生，并建议采用抗滑桩这一措施，同时探讨了两排抗滑桩防治技术在顺层边坡防治中的应用[88]。龚放等对秀松高速K5+823 ~ K5+957路段堑高边坡不同开挖工况（开挖前、中、后）下应力状态进行了 ANSYS 有限元模拟，结果显示，开挖后易发生滑坡现象，需采取防治措施，通过现场考证并结合分析结果，采用了预应力锚索措施作为加固方案，在计算了边坡稳定性的基础上，对路堑开挖方式和边坡防治措施进行了优化，确保了工程安全[89]。兰素恋等以广西百色某在建公路软岩边坡为研究对象，在分析地质资料的基础上，开展边坡变形破坏模式研究，认为坡脚开挖卸荷和高强度降雨耦合作用是诱发滑坡的主要原因，并提出抗滑桩加固的治理措施[90]。夏开宗等以顺倾岩质边坡为研究对象，基于突变理论，分析了地下水对滑带土的弱化作用，深入研究了该类边坡失稳破坏的力学机制，提出了防治和优化处置该类型边坡的建议[91]。李海亮等采取了钢格筛支护方式来防治边坡滑坡带来的地压灾害[92]。乔平在研究某电站进厂交通洞边坡防治措施时，认为贴坡混凝土及锚索等防护手段未及时跟进，导致边坡在基本开挖结束的前提下发生失稳破坏，而采取了上部削坡减重、下部回填压脚、推进贴坡混凝土及锚索张拉速度等综合防治措施来治理和控制滑坡[93]。姜许辉等在深入分析重庆市汉葭镇第四小学顺倾边坡的基础上，采取了易于在现场实施的综合防治措施，研究成果有一定应用价值，并对类似工程具有指导意义[94]。王飞分析了岩石边坡滑移的治理措施，研究成果具有一定参考价值[95]。白霖等采用预应力锚索排桩措施来治理 220 kV 泉乡变电所西北侧边坡，确保了边坡稳定与站内设备的运行安全[96]。杨晓法等在现场调研的基础上，分析了浙江甬台温高速公路边坡滑坡成因，并采取了易于施行的治理方案进行滑坡防治，效果良好[97]。张金贵在进行魏家峁露天煤矿边坡防治时，通过了解并掌握边坡地质条件和边坡现状，利用数值模拟方法分析了该边坡的变形破坏机理，提出了"上部剥离清方+排水疏干+实时监测"的防治措施以提高边坡稳定性[98]。熊超等在合理分析地质资料的基础上，采用FLAC³ᴰ软件模拟研究了深秀洞陡崖层状岩质基坑边坡的变形破坏机理，提出了框架锚索和肋柱锚杆相结合的分区治理措施，具有良好的加固效果，确保了基坑边坡及崖壁的稳定[99]。张安适等通过深入探讨贵州省荔榕高速公路桩号K41+843处姑会隧道出口两侧边坡的滑坡成因和防治措施，为该类型边坡的防治提供了参考意义[100]。何发龙等分析了大源灌溉渠道左干渠胡家段边坡局部滑塌和整体滑移的成因，为提高稳定性，采用了封填裂缝+抗滑桩+截排水沟的治理措施，确保了该渠道的安全供水[101]。侯珍珠等在探清了研究区物理力学参数的基础上，采用极限平衡法和类比法对老林场安置点边坡开展了稳定性计算，采取了抗滑桩+桩间挡土板的防治方案，对类似工程具有一定参考价值[102]。绳培等在分析了现场勘察成果的基础上，采用极限平衡法和有限差分法相结合的手段，研究了杨家岭石灰石矿采区软硬互层高边坡的稳定情况，在研究边坡变形失稳机理后，提出防治措施[103]。方明慧结合龙岩城区至高新园区城际快速通道工程某边坡滑坡滑移治理工程，根据滑坡滑移的发生及发展过程，结合工程现场实际情况，提出了采用微型桩抗滑的处置措施，加固后裂缝和滑移明显得到控制，为微型桩抗滑措施的推广起到了良好的促进作用[104]。陈斌等在调研某露天矿山边坡地质条件的基础上，结合现场实际情况，采取了主动柔性防护网和普通砂浆锚杆锚固相结合的边坡滑塌治理措施，保证了滑塌区域边坡的稳定性，满足了矿山安全生产需求[105]。张劲松等通过充分调研麻昭高速公路顺倾岩质边坡，认为该边坡处于蠕动变形阶段，构建了边坡地质模型，对典型剖面采取了极限平衡法进行稳定性计算，根据计算结果，采取了合理有效的防治措施，确保了边坡安全[106]。M. Zhang等以东北地区第二大滑坡——察村滑坡为工程背景，分析了察村滑坡的滑动机理，并提出了相应的治理方案[107]。Q. Zhang 等对川渝地区某典型天然边坡进行了为期一年的监测，分析了降雨对边坡位移场分布的影响，在考虑降雨影响的情况下，提出了有针对性的加固处理方案，研究结果可为高危层状边坡的滑移失稳理论和治理提供参考[108]。G. Q. Yan 等以重庆市武山县江东地区金鸡岭滑坡为研究对象，分析出边坡填方引起的地下水上升是影响滑坡的关键因素，结合滑坡变形特征和成因，采用了排水+卸荷+支护的综合防治方案，提出排水应是此类滑坡防护工程的重点。研究结果可为类似边坡工程提供参考[109]。Q. H. Jiang 等研究了沐昌河工程地质条件和边坡变形特性，采取了将坡体与回填体相结合的加固措施以提高边坡稳定性[110]。H. Y. Sun 等以浙江省桐庐县厚埔村滑坡为研究对象，对滑坡位移、降雨和水头进行了监测，研究了研究区水力特征并分析了滑坡所处变形过程，而后采取了虹吸排水技术进行地下水控制，提高了边坡稳定性，是一种切实可行的治理滑移的有效措施[111]。H. B. Li 等结合野外调查和无人机三维成像技术，对洪石岩滑坡的破坏机理和残坡稳定性进行了定性研究和探讨，为确保其他边坡稳定，采取了相应防治措施从而减少次生地震或暴雨灾害，保证边坡的长期稳定[112]。H. Taga 等以某高速公路南侧工程边坡的路堑边坡稳定性问题为背景，分析了北坡和南坡在施工期间和施工后出现不同位置的滑坡，并在滑坡发生后，采取了不同的治理措施（重塑边坡、改良土壤等）来稳定滑坡[113]。Y. K. Wang 等采用极限平衡法研究了大孤山垃圾堆场边坡的变形破坏机理及稳定性，最终确定了完善排水系统、边坡重塑、平台夯实、填埋裂缝等综合防治措施[114]。M. Zhang 等以察村滑坡治理方案为例，确定了有限可行决策方法的理论依据和计算过程，研究可知模糊多目标格序群决策方法可以被应用到滑坡治理中，具有一定参考价值和研究意义[115]。T. F. Hu 等结合青海省S101公路滑坡的区域地质条件，分析了滑坡的不利物理力学性质、几何结构、耦合流体和热力过程等影响因素，通过有限差分法模拟研究了该边坡的稳定性，提出了合理、有效的滑坡研究方法和防控措施[116]。

1.5.5　存在拟解决的问题

受地质条件多样性和复杂性因素的影响，国内外研究人员虽然开展了大量岩石蠕变试验研究，但岩石蠕变特征多种多样，不能一概而论，在工程项目中面对岩石蠕变失稳问题仍需要进一步分析。尤其在蠕变-大变形高陡边坡方面，围岩变形程度大、时间长，需要针对不同地质条件开展蠕变-大变形试验研究，并建立软岩蠕变-大变形本构模型，为蠕变-大变形高陡边坡的破坏机理研究提供理论支撑。

针对边坡监测、预报及防治的方式方法多种多样，随着科学技术的进步和相关设备的完善，更多新理论得以应用和推广，但各类方法和理论都有鲜明特征。只有针对抚顺西露天矿蠕变-大变形高陡边坡优选合适的技术，才能达到经济、实用、高效的效果，保证矿区的稳定，产生显著的经济效益和社会效益。

2 抚顺西露天矿地质环境条件

▷ 2.1 西露天矿地层现状

2.1.1 西露天矿地层岩性

抚顺市位于长白山支脉西南延续部分低山丘陵地区，总体呈东南高西北低之势。市区为浑河谷地平原，自东向西海拔 65~95 m；东、南、北三面环山，山体一般呈浑圆状，市区海拔 76~237 m，相对高差 20~70 m。

区域地层由老至新主要为：太古界花岗片麻岩；新生界古近系古新统老虎台组、栗子沟组，始新统古城子组、计军屯组、西露天组；第四系冲洪积层、人工堆积层等。区域地层柱状如图 2.1 所示。

抚顺西露天矿含煤地层由新生界古近系（老第三系）抚顺群的老虎台组（E_1l）、栗子沟组（E_1lz）、古城子组（E_2g）、计军屯组（E_2j）、西露天组（E_2x）、耿家街组（E_3g）组成；煤田基底为太古代花岗质片麻岩（Ar）及中生界白垩系大峪组（K_2d）地层；上覆第四系（Qh）砂砾石层。抚顺群与上、下地层呈不整合接触，如图 2.2 所示。

2.1.1.1 太古界

花岗质片麻岩（Ar）：构成西露天矿田的基底，主要由黑云花岗质片麻岩、角闪花岗质片麻岩等组成，为弱片麻状构造。在矿坑南侧、北侧均有出露，与上覆岩层呈不整合接触。

地层系统					地层柱状	厚度/m	岩性描述
新生界 C_z	第四系	Q_r		冲积层		$\dfrac{4.00-24.3}{14.15}$	覆盖土层、砂质黏土、砾石等
新生界 C_z	古近系 E	抚顺群 E_f	渐新统 E₃	耿家街组 E₃g	褐色页岩层	$\dfrac{11.37-338.05}{224.71}$	褐色页岩，夹少量薄层砂岩、细砂岩、页岩和绿色泥岩
新生界 C_z	古近系 E	抚顺群 E_f	始新统 E₂	西露天组 E₂x	绿色页岩泥灰岩层	$\dfrac{358.63-484.50}{421.56}$	绿色块状泥岩，夹薄—中厚层褐色页岩和浅绿色泥灰岩，以互层出现、韵律清楚
新生界 C_z	古近系 E	抚顺群 E_f	始新统 E₂	计军屯组 E₂j	油母页岩	$\dfrac{25.81-362.35}{194.08}$	以中—薄层状含碳酸块质油页岩和含酸块质、有机质泥岩为主，坚硬、细密、透气性不良、节理发育。本层含油率2%~7%，一般为5%~6%
新生界 C_z	古近系 E	抚顺群 E_f	始新统 E₂	古城子组 E₂g	主煤层	$\dfrac{8.57-110.50}{59.58}$	5~38个自然分层组成的复合煤层
新生界 C_z	古近系 E	抚顺群 E_f	古新统 E₁	栗子沟组 E₁lz	凝灰层	$\dfrac{8.00-51.50}{29.75}$	以浅灰绿至暗灰绿色凝灰岩层为主
新生界 C_z	古近系 E	抚顺群 E_f	古新统 E₁	老虎台组 E₁l	玄武岩层	$\dfrac{26.00-336.00}{181.00}$	以橄榄玄武岩、灰绿色凝灰岩、灰绿色火山碎屑岩为主，呈块状或杏仁状
中生界 M₂	白垩系 K	上统 K₂	大峪组 K₂d	杂色砂页岩	砾岩层	$\dfrac{47.25-991.00}{519.12}$	成分混杂，以杂色砂页岩为主并夹有薄层砾岩
中生界 M₂	白垩系 K	下统 K₁	梨树沟组 K₁l	粉砂岩	页岩层	522.61	灰黄色、浅紫色凝灰质粉砂岩夹灰绿色、灰色粉砂质页岩及含砾砂岩
中生界 M₂	白垩系 K	下统 K₁	小领组 J₃K₁x	安山岩		916.29	以灰绿色、灰紫色安山岩和安山质角砾岩为主
中生界 M₂	侏罗系 J	上统 J₃	小东沟组 J₃x	砂岩	页岩	218.00	紫灰色粉砂岩、粉砂质页岩、含砾粉砂岩、灰紫色页岩、灰绿色页岩等
太古界 Ar₃	鞍山群			花岗片麻岩		不详	浅红、灰绿至灰白色花岗片麻岩、角闪片麻岩和云母片麻岩等，并有伟晶岩侵入，本层构成整个煤田的刚性基底

图2.1　抚顺煤田地层岩性综合柱状图

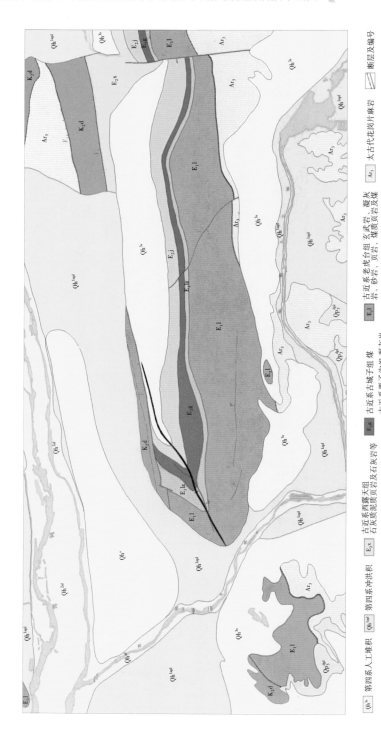

图 2.2 抚顺西露天矿地质图

2.1.1.2 中生界白垩系上统大峪组（K_2d）

主要出露于抚顺煤田北部 F1 和 F1A 断裂之间、煤田中东部北侧和龙凤井田南山地区，不整合于太古界鞍山群之上。按其地层旋回组合特征，由上至下分为五层：暗绿色砂质页岩层，厚度 100～140 m；暗紫色砂质页岩夹玄武岩层，最大厚度 183.45 m；杂色凝灰岩层，最大厚度 130 m；砾岩层，厚度 150～279.03 m；杂色砂岩及砂页岩层，厚度 50～390 m。

2.1.1.3 新生界古近系

（1）古新统（E_1）

老虎台组（E_1l）：该层与下伏太古界花岗质片麻岩（如图 2.3 所示）呈角度不整合接触（不整合接触面产状为 319°～344°∠36°～45°），主要岩性为玄武岩。分布范围主要为 W1200～E1300，基岩露头，东西长达 2 km，风化厚度约 2～7 m，沿玄武岩顶板向坑下延伸 +65～+80 m 以上，最低标高达 +45 m。

图 2.3　花岗片麻岩新鲜岩体

栗子沟组（E₁lz）：该层在西露天矿W1200～E300最为发育，与下状岩层呈平行不整合接触。厚度6.90～115.86 m，夹第二层煤（B层煤），呈透镜状分布于W2650～EW0之间，层厚0.8～20.60 m。以浅灰绿至暗绿色凝灰岩为主，部分为玄武岩。

图2.4　玄武岩

作为本区边坡出露的主要层位，按风化程度划分玄武岩（如图2.4所示），可分为如下三类。

强风化玄武岩：这类玄武岩已经完全风化成浅黄色至锈红色，但仍可见原岩结构，有时可见明显的球状风化结构，强度仅为25 kg/cm²。此种岩石是千台山坡积亚黏土的主要原岩，它往往沿倾角为28°～53°的节理面滑落，由此推断节理面的摩擦角应在28°以下。强风化玄武岩分布范围W1200～E1300，沿基岩露头东西长达2000 m，基岩面以下分布垂深约20 m，沿玄武岩顶板向坑下延伸到E1200，达到+45 m标高，其他均在+65～+80 m。E1300附近风化范围较大，可能与接近刘山河道有关。

半风化玄武岩：这类玄武岩体被节理切割。节理面已经风化成黄褐色，但岩块内仍见黑色结晶质，这部分岩体的张节理中如有黏土充填，强度则由黏土强度控制。

未风化玄武岩：多为黑色结晶质，节理发育，平滑节理面基本摩擦角约30°。

图2.5 凝灰岩

在南帮出露的凝灰岩（如图2.5所示）主要有以下几种。

白色、灰色及浅绿色软质凝灰岩：这一类凝灰岩主要由火山灰和它的风化次生产物组成。在薄片中见方解石、绿泥石及硅质呈隐晶质的矿物，由黏土胶结。从颗粒分析结果估计，黏土矿物含量最大时达14%，染色时，呈蒙脱土反应。岩石力学性弱，吸水后迅速降低并膨胀。放在水里很快崩解，这一类凝灰岩主要分布在非工作帮的南崩岩E300～W1200。1960年以前多次发生大规模滑坡的都是这一类凝灰岩。

火山角砾岩：由深灰色、浅棕色火山角砾组成。角砾直径大的有几十毫米。在薄片中见玻璃质石基，有大量长石碎屑。岩石胶结得坚固，是凝灰岩系中岩石强度较高的一种，常与软质凝灰岩成互层。

杂黑色炭质凝灰岩：由深色的炭质泥质物和白色凝灰质组成，其中，又可分为较坚硬的和疏松的两种，前一种在薄片中可以看见流纹构造，在玻璃质间有长石、石英的大晶体和大量后填充进去的方解石；后一种流纹构造不显著，局部有斑状组成。长石都风化成了高岭土，偶尔也见绿泥石等次生矿物。这一类凝灰岩里常含有大量植物残骸，有时可见几米长的树木化石。

凝灰绿至黑绿色凝灰岩：主要由火山玻璃组成，在玻璃石基中可见长石碎屑和大量绿泥石，绿泥石多呈层状。从颗粒组成看，黏土矿物含量一般在6%以下。层中有时含直径达200 mm的巨砾。胶结得比第一类凝灰岩好些，但在坑帮上出露后易风化成碎屑。

（2）始新统（E_2）

古城子组（E_2g）：本组为抚顺煤田的主要开采煤层（本层煤），是由2～38个分层组成的复合煤层。煤层厚度的变化规律是沿走向自西往东从厚变薄。沿倾向方向自南往北煤层逐渐变厚，浅部薄。其中，西露天矿出露得最厚，本组厚度为0.5～195 m。

计军屯组（E_2j）：该组为煤层顶板，呈近东西向带状展布，主要分布在西露天—东洲，西部因向斜封闭而转向。岩性为油母页岩，厚度为25.81～362.35 m，平均厚度为194.08 m。

西露天组（E_2x）：该组与上下地层为整合接触，呈近东西向分布，西窄东宽。岩性为绿色块状泥岩，夹薄–中厚层褐色页岩和浅绿色泥灰岩，以互层出现，韵律清楚，产状348°～5°∠25°～55°。本组地层厚度为102.1～600 m，平均厚度为421.56 m。

（3）渐新统（E_3）

耿家街组（E_3g）：为褐色页岩层，该层以褐色页岩为主，夹薄层褐色细砂岩、页岩和绿色泥岩，层理发育，含植物化石碎片，厚度为111～338 m。

2.1.1.4 新生界第四系（Qh）

第四系全新统：与下伏地层呈不整合接触，该层厚度为4～24.3 m，平均厚度为14.15 m。主要为冲积层，底部为砾石层，中部及上部为粗砂、细砂、粉质黏土。最上部为人工堆积层，由黏性土、煤矸石、页岩等碎屑和砂土等组成。

2.1.1.5 岩浆活动

太古界黑云花岗质片麻岩、角闪花岗片麻岩等变质侵入岩构成了煤田基底。燕山运动末期有数次规模不同的火山活动，使玄武岩、辉绿岩、安山岩穿插于白垩纪地层之中。

古近系古新世玄武岩喷发4次。在老虎台组地层形成的中期，第三层煤（B_3、B_2）形成以前和之后各有一次大规模的喷发，玄武岩呈岩床存在，在Bl层煤形成后又有一次玄武岩喷出，在间歇期间形成了凝灰岩沉积。

2.1.2 西露天矿地质构造

西露天矿所处的大地构造位置：柴达木—华北板块（Ⅲ）、华北陆块（Ⅲ-5）、辽东新元古代—古生代坳陷带（Ⅲ-5-7）、龙岗隆起（Ⅲ-5-7-1）的北缘。在燕山运动中，中国东部由亚洲大陆和太平洋壳挤压产生的扭力，形成一系列NE-SW和NNE-SSW向（新华夏系）的褶皱、断裂及由断裂控制的大型隆起和凹陷。到了新生代，又在中生代构造的基础上进一步发展，在松辽平原形成重要的成煤盆地。抚顺煤田是典型的古近纪煤田，抚顺煤田所处的构造部位是郯庐大断裂带的北延部分。

抚顺煤田地层岩性及煤层的展布主要受抚顺复式向斜的控制。复式向斜轴向总体呈NE75°延展，由数条呈斜列展布的向斜褶皱组成。向斜西部地层倒转形成倒转向斜，向东侧逐步恢复正常。向斜东西两端封闭，受其控制，煤层在向斜两侧埋藏较浅，而向斜中部煤层则埋藏较深。

（1）西露天矿向斜

抚顺西露天矿田为一个向斜盆地，与喜马拉雅造山运动有密切的成因联系，并受浑河断裂控制，轴迹为NE60°，长约2.3 km。向斜轴面倾向NW，枢纽仰起方向NE，仰起角10°～22°，向斜南翼倾角40°～55°，西北帮直立倒转。核部由西露天组构成，两翼由内向外依次为计军屯组、古城子组、栗子沟组、老虎台组，南翼出露完整，北翼被F_1断裂截切而残缺（如图2.6所示）。经过数十年露天开采和井下开采作业，向斜核部大部分地层已经被剥离，井采也使向斜褶皱中的煤层形成采空区。

（2）断裂构造

抚顺市市区主要断裂为浑河断裂，是由沿着北东东向浑河平行分布的一群断裂和与这些断裂伴生的受同一应力场控制的南北向、北西向断

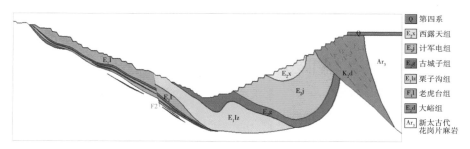

Q	第四系
E_2x	西露天组
E_2j	计军电组
E_d	古城子组
E_1lz	栗子沟组
E_1l	老虎台组
E_1d	大峪组
Ar_3	新太古代花岗片麻岩

图 2.6　抚顺西露天矿 W800 剖面图

裂共同组成的断裂系统。其中，北东东向逆断层与逆冲断层群构成了以 F_{1A} 为主干断裂的叠瓦状逆冲推覆体。F_1、F_{1A} 是市区段浑河断裂的两条主干断层，在地表，二者相互平行，相距 150～600 m，在区内延伸 24.5 km，向深部合二为一，走向为北东 60°～75°，倾向北，倾角陡达 60°～80°，两条断层之间的挤压带由白垩系大峪组砂砾岩、新太古代花岗质片麻岩、侏罗–白垩系小岭组安山岩组成。

西露天矿区已经揭露查明的对于边帮及地表稳定性影响较大的断层有多条。其中，F_{1A}、F_1 断层位于西露天矿界北侧，F_1 断层在北帮上部沿走向共揭露 1600 m，它是控制北帮上部边坡稳定性的主要地质构造因素。南帮由于受浑河断裂及褶皱作用的影响，有许多纵向和横向断层，构造比较复杂。南帮主要断裂构造为发育于矿区中部的东西向断层 F_2、北西—南东向断层 F_5 及次生断裂构造 F_{5-1} 等，以及东端帮垂直煤层走向的断层 F_6。断层特征如图 2.7 所示。

（3）褶皱

西露天向斜位于西露天矿西部，轴迹为北东 60°，长约 2300 m；核部由西露天组构成，两翼由内向外依次为计军屯组、古城子组、栗子沟组、老虎台组，南翼出露完整，北翼因被 F_1 断裂截切而残缺。褶皱随不同地段形态不同，南翼平缓，平均倾角 20°；北翼倾角自深而浅，由 40° 变为 75°，成为一轴面倾向北西、倾角 55° 的斜歪褶皱，西南端翘起。千台山位于抚顺西露天向斜的南翼。其中，A 煤层和 B 煤层呈褶曲构造，在 W1200～W600 区域内浅部由于褶曲使 A、B 煤层的产状要素在局部地段产生剧烈变化。

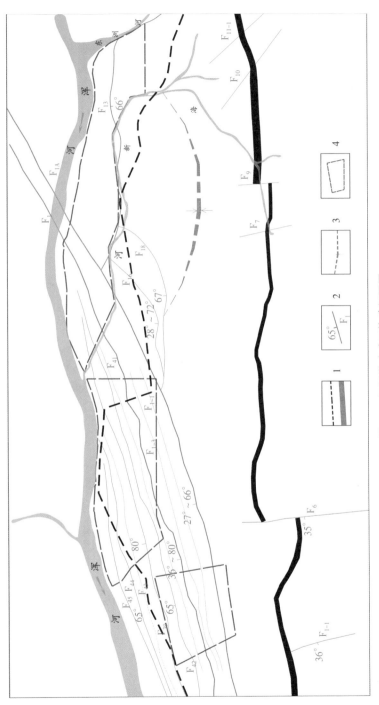

图 2.7 抚顺煤矿矿区构造纲要图

（4）地震

研究区位于我国东部最大的地震带——郯庐地震带东侧，该地震带地震频繁。抚顺地区虽未发生过破坏性地震，但小地震活动频繁。1496年在富顺县小东洲曾发生烈度为V度的地震。影响抚顺地区的最大地震为1975年2月4日9时36分海城发生的7.3级地震，沿浑河断裂波及抚顺，影响烈度超过V度。

根据国家地震局出版的第五代1/400万《中国地震动参数区划图》（GB18306—2015），工作区地震动峰值加速度为0.1 m/s²，地震动加速度反应谱特征周期为0.35 s，根据《建筑抗震设计规范》（GB 5011—2010），抗震设防烈度为7度。

▶ 2.2 西露天矿水文地质特征

2.2.1 含水层

西露天矿含水层从上至下主要有5个，即第四系孔隙潜水含水层、古近系绿色泥岩含水层、古近系玄武岩夹凝灰岩含水层、白垩系大峪组砂岩含水层及鞍山群花岗质片麻岩含水层。

（1）第四系孔隙潜水含水层

第四系孔隙潜水含水层主要岩性为砾砂、角砾，厚度为2～10 m，是极度充水岩层，渗透性好。渗透系数 $K = 70 \sim 100$ m/d，影响半径 $R = 50 \sim 100$ m。地下水流向受基岩控制，总趋势向南。由于基岩标高在东西方向，呈凹形展布，流向有所改变。

（2）古近系绿色泥岩含水层

古近系绿色泥岩含水层为裂隙潜水含水层，顺层理方向渗透系数 $K = 0.3$ m/d。垂直层理方向渗透系数 $K = 0.0009$ m/d。浅层含水丰富，深层次之。浅层是疏干的主要对象。

（3）古近系玄武岩夹凝灰岩含水层

古近系玄武岩夹凝灰岩含水层主要有2个含水层，即玄武岩含水层和凝灰岩含水层。其中，玄武岩含水层属裂隙含水层，平均厚度为 90 m，主要分布在矿坑的南部，影响半径是 34 m，渗透系数 $K = 4 \times 10^{-8}$ m/s；凝灰岩含水层也是裂隙含水层，厚度为 30~120 m，主要分布在矿坑的南帮及西南帮，影响半径是 28 m，渗透系数 $K = 1 \times 10^{-7}$ m/s。该层因含蒙脱土，吸水后易软化，导致含水性降低。

（4）白垩系大峪组砂岩含水层

白垩系大峪组砂岩含水层属裂隙含水层，主要岩性为砂岩、砂砾岩及粉砂岩，分布于 F_1 断裂与 F_{1A} 断裂之间，平均厚度约 250 m。因受断裂构造影响，岩体裂隙发育、破碎，渗透系数 $K = 3 \times 10^{-7} \sim 1 \times 10^{-6}$ m/s。影响半径为 32 m。

（5）鞍山群花岗质片麻岩含水层

鞍山群花岗质片麻岩含水层属裂隙含水层，主要分布在矿田 F_{1A} 断裂上盘部分及西露天矿南侧丘陵区。西露天矿北侧构造裂隙发育明显，据测定，该含水层的涌水量达到 15.71 L/s，且历时 2 个月水量不减，证明该含水层渗透性、富水性良好，补给源为第四系松散岩类孔隙水。西露天矿南侧为风化裂隙，富水性差，补给源为大气降水入渗。

2.2.2 隔水层

矿区内的隔水层主要是煤层上部的油页岩层，该层厚度巨大，结构致密坚硬，对上部地下水的渗透起到了很好的隔离作用。

2.2.3 充水因素分析

矿坑水的来源主要有两方面：地下水补给和地表水补给。

地下水主要包括第四系冲洪积孔隙潜水含水层和基岩裂隙水。其中，前者主要来自大气降水和浑河定水头补给，后者来自西露天矿采场北帮上部的工业区、生活区通过明沟暗渠源源不断排放的工业废水和生活污水。坑内地表水一部分来自大气降水，另一部分则为坑北的浑河、坑西侧的古城子河、坑南侧的杨柏人工河等河流水补给。

2.2.3.1 大气降水

矿区内充水因素主要为大气降水，雨水部分可沿矿坑地形坡度自然流入矿坑，部分渗入地下，成为第四系孔隙水。孔隙水沿基岩裂隙、断层裂隙带渗入下部含水层，所以第四系孔隙水与下部各含水层的水力联系相当紧密。由于矿坑挖掘剥离，出露的边坡岩层也接受大气降水的直接补给。矿坑涌水量随季节的周期性变化而改变，枯水期涌水量较小，而在雨季涌水量则大大增加。正常日排水量为 34739～69237 m^3，丰水期日排水量为 56600～88330 m^3，矿山现有排水设备能满足采掘过程中排水的要求。

2.2.3.2 河流水

在西露天矿周边，地表水系有北部的浑河、西部的古城子河及南部的杨柏人工河，这些河流成为第四系含水层重要的侧向补给源，并在露天矿的台阶上渗出，流入坑内。

（1）浑河

浑河距西露天矿约 1.5 km。露天矿北部区段的水位标高通常为 +68～+69 m，而浑河在洪峰季节水位最高可达 +75 m，最大流量 2700 m^3/s，北帮冲积层底板低于浑河常年水位 3～12 m，北帮与河床之间的冲积层呈连续分布，基底以 0.2% 的坡度缓向采坑，使浑河水成为定水头补给源。

（2）古城子河

古城子河为季节性河流，河道与采坑西帮最近处为 150 m，河床宽度约 50 m，最大流量为 6.6 m^3/s，最小流量为 0.8 m^3/s，由南向北汇入浑河。河水沿着冲积层或旧河道可以渗入采坑。

（3）杨柏人工河及旧河道

矿坑南侧的杨柏人工河是由原杨柏河、刘山河改道而成。该处第四系含水层厚度为 5～6 m，渗透系数为 31.04～112.14 m/d，单位涌水量为 0.403～2.85 $L/(s·m)$，最大涌水量为 4.39 L/s，主要补给水源是南花园水泡子和大气降水。因为旧河道隔水不严，致使河水仍旧沿着旧河床渗入露天矿坑，每天渗入量近 5000 m^3。

2.2.3.3　其他水源

在矿坑的四周有许多居民区和工厂，工业废水和居民的生活污水大部分排入地下，成为地下含水层的补给源之一。另外，还有一部分通过明沟暗渠排入坑内。

▷ 2.3　西露天矿工程地质特征

西露天矿经过百余年的开采现已形成巨型采坑，北帮边坡平均坡度30°，南帮边坡整体坡度19°～27°。矿坑边坡基岩裸露，为向斜构造，向斜轴枢纽产状56°∠16°，向斜南翼地层出露完整，向斜北翼地层被 F_1 断裂截切呈残缺状态。岩性组合主要为新生界古近系老虎台组、栗子沟组、古城子组、计军屯组、西露天组的含煤岩系，多为较软的泥岩、页岩，次硬的凝灰岩，坚硬的玄武岩，岩体结构以块状和中厚层状为主，泥质页岩及蒙脱石化凝灰岩为岩体的软弱结构面。

区内有两个岩土工程地质单元，上部为第四系松散层工程地质单元，下部为基岩层工程地质单元，自上而下分述如下。

2.3.1　第四系松散层工程地质单元

南帮边坡上部有巨厚的人工堆积层，以煤矸石、玄武岩碎石、页岩碎片为主，呈松散状至稍密状态，厚度变化较大，层厚1～50 m不等；下部为层厚5.20～8.90 m的中细砂、粉质黏土及砾石等。

北帮顶部台阶上部有6～14 m厚的人工堆积土与亚黏土，下部为2.48～11.00 m厚的细砂、中砂与砂砾，厚度不均，但连续分布。第四系松散层出露标高 +58～+62 m，+62 m台阶面与基岩分界最大厚度为35 m，平均厚度为17.5 m。

2.3.2 基岩层工程地质单元

区内岩层自上而下为西露天矿组绿色泥岩（与褐色页岩互层发育），计军屯组浅褐色至暗褐色油母页岩，古城子组有煤层（夹有黑色页岩、炭质页岩、灰黑色砂岩及粉砂岩），栗子沟组有灰绿色至灰黑色凝灰岩（发育有A组煤），老虎台组有玄武岩及太古界鞍山群花岗片麻岩。

2.3.2.1 西露天矿南帮

南帮出露岩性以老虎台组玄武岩、栗子沟组凝灰岩及太古界花岗片麻岩为主。

（1）玄武岩

在千台山锅炉房北侧切坡处、东侧局部地段及西露天矿南帮边坡有所出露。边坡上出露的玄武岩按岩石特征可大致分为以下三种。

粗粒全晶质玄武岩：最坚硬的一种，抗压强度为150～200 MPa。节理发育，有些地方柱状节理非常典型。由于岩性脆，易破裂成碎块。

中—细粒全晶质玄武岩：抗压强度为90～150 MPa，节理发育。

隐晶质或杏仁状气孔状玄武岩：抗压强度一般为50～90 MPa，也有个别的在50 MPa以下。

（2）破碎带

上部玄武岩一般较完整，而中部的玄武岩夹煤线层、下部的玄武岩夹凝灰岩层及玄武岩与片麻岩不整合接触部位的古风化壳多有破碎带和泥化夹层出现。根据以往施工钻孔中的岩石试样物理力学测试指标分析，泥化夹层干抗压强度一般为10.2～95 MPa，饱和抗压强度一般为0.13～1.6 MPa。

（3）凝灰岩

凝灰岩广泛出露于矿区中部，在W1200～E300最为发育。主要由火山灰和它的风化次生产物组成，呈灰白色，凝灰结构，块状构造，吸水后膨胀、易崩解。天然状态凝灰岩抗压强度一般为11.5～28.7 MPa。

（4）花岗质片麻岩

花岗质片麻岩上部的风化壳一般呈铁锈红色，局部泥质充填，岩芯强度低、易碎，高岭土化发育，干抗压强度为19.5 MPa；中等风化岩石一般呈肉红色，中粗粒变晶结构，块状、片麻状构造。

2.3.2.2 西露天矿北帮

北帮边坡基本由软硬互层的绿泥岩构成，占边坡总面积的88%左右，其次由厚层状油母页岩和煤层等脆性硬岩组成。北帮边坡岩体整体上可分为以下5个岩组。

（1）泥岩、页岩及泥灰岩互层岩组单元

泥岩、页岩及泥灰岩互层岩组单元主要由绿色泥岩、页岩及泥灰岩层组成，为西露天矿北帮古近系最上层，与下伏岩层呈整合接触，厚度为120～530 m，平均厚度为420 m。本组岩性以绿色泥岩为主，夹薄层状褐色页岩和浅绿色薄层泥灰岩，呈互层分布，韵律结构清晰，层理极为发育，上部一般呈黄绿色、深绿色，下部为浅绿色。该组是研究北帮及地表变形最重要的工程地质岩石组合单元。其中，泥岩（绿色页岩）厚度大，层厚一般为1～10 m，总层数在30层左右。褐色页岩层厚0.3～2.0 m，厚者可达3.5 m，薄者仅为0.3～0.5 m，该层中含有遇水易泥化的泥化夹层，泥化夹层的厚度平均仅几厘米，厚者可达10～20 cm。虽然泥化夹层的总厚度不大，但由于遇水易泥化，极易沿此层发生错动，所以该层为本组的重要弱层，它对北帮岩体的变形与破坏起着重要的控制作用。泥化夹层广泛发育于褐色页岩之中，由于不同区域的褐色页岩受构造作用程度不同，且后期地下水作用条件不同，导致该地区泥化夹层的泥化程度存在较大差异。根据抚顺地区多年的岩土工程勘察经验，全风化—强风化泥页岩承载力特征值为200～300 kPa。

（2）油页岩组合单元

油页岩组合单元主要由油页岩层组成，岩石中含蒙脱石、伊利石等矿物，水理性质较差。颜色为黄褐色，薄层状致密、坚硬、性脆，层理节理发育，据野外统计，节理密度为5～7条/m。分布于W1200～E4000内，与下层岩石层呈整合接触，厚度为80～157 m，平均厚度为117.8 m。下部为贫矿层，厚度为5～54 m，平均厚度为30 m，浅褐色，颗粒较富矿粗。用小刀刻划时，呈粉末状。在贫矿与煤层接触处有一层灰褐色坚硬细砂岩。上部为富矿，厚度为50~115 m，平均厚度为83 m，深褐色，细粒结构，致密均匀，条痕为褐色，用小刀刻划时，呈小片状。

（3）煤层岩组合单元

煤层岩组合单元的煤层顶、底板均为页岩，该岩组厚度变化较大（35~210 m）。其中，纯煤层真厚度为30~120 m。

（4）砂页岩及砾岩组合单元

分布在F_1和F_{1A}之间，砂页岩于北帮局部可见，多为胶结较差、易风化的岩石，其中，砾岩胶结较好，质地坚硬。砂砾岩、泥页岩类主要为中生界白垩系砂岩、砂砾岩、粉砂岩，新生代古近系泥岩、页岩等，承载力特征值为200~500 kPa。

（5）花岗质片麻岩组合单元

花岗质片麻岩组合单元主要分布在F_{1A}断层以北，被第四系松散层掩盖。断层带岩石风化强烈、破碎，离开F_{1A}断层影响带，岩石的工程地质性质较好，质地坚硬，抗变形性质较强。变质花岗岩类分布于工作区的北部，属于太古代花岗质片麻岩，岩石类型以浅灰色、灰白色黑云二长花岗质片麻岩为主，另有少量黑云斜长花岗质片麻岩。工程地质条件良好，可以满足各类工程的基础要求，全风化—强风化花岗片麻岩承载力特征值为300~500 kPa。

西露天北帮泥岩、页岩、泥灰岩及油页岩岩体中，主要发育6组优势剪切节理面，主要节理倾向200°~210°，与边坡倾向基本一致，对边坡的稳定极为不利。

▶ 2.4 西露天矿南帮地质勘查

2.4.1 钻探工程

2.4.1.1 工程概况

为查明南帮边坡岩体内岩层的赋存形态、弱层的赋存深度及地下水状况，在南帮进行了工程地质钻探施工，完成钻孔7个，总进尺1672.5 m。具体工程布置与工作量参见图2.8、表2.1。

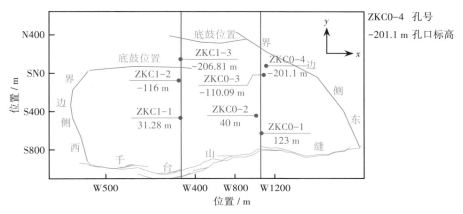

图2.8 南帮工程地质钻探工程布置图

表2.1 南帮工程地质钻探孔位坐标与工作量

钻孔编号	孔位坐标		孔口标高 / m	钻探进尺 / m
	x（东西）	y（南北）		
ZKC0-1	1205.3	−627.3	123	211
ZKC0-2	1158.8	−443.5	40	210.1
ZKC0-3	1229.7	−19.0	−110	260.7
ZKC0-4	1267.0	69.3	−201.1	268
ZKC1-1	419.4	−470.3	31.3	234.7
ZKC1-2	384.8	−79.0	−116	226
ZKC1-3	393.3	138	−206.8	262
总进尺				1672.5

2.4.1.2 工程地质剖面图

通过7个钻孔的勘探资料，完成了E1200、E400两个剖面（如图2.9、图2.10所示）的绘制。

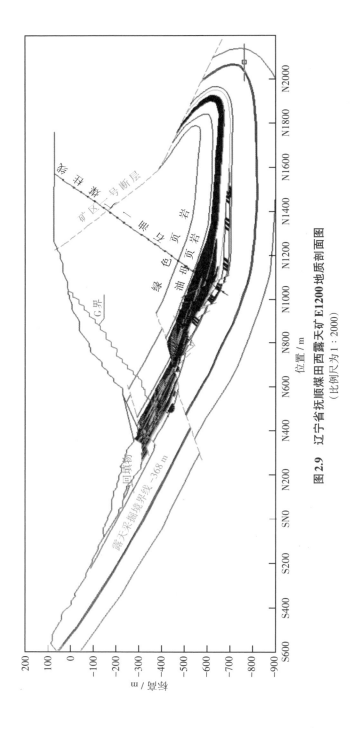

图 2.9　辽宁省抚顺煤田西露天矿 E1200 地质剖面图
（比例尺为 1∶2000）

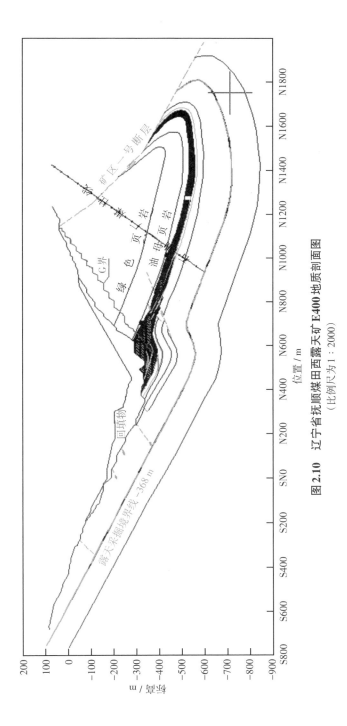

图 2.10 辽宁省抚顺煤田西露天矿 E400 地质剖面图
（比例尺为 1∶2000）

2.4.1.3 弱层分布

根据钻孔揭露，在玄武岩的不同深度含有薄煤线、凝灰岩及破碎带等层位，玄武岩与花岗片麻岩的年代不整合接触面往往为断层泥、凝灰岩等强风化破碎带。

（1）E1200剖面

ZKC0-1孔，孔深52～55.4 m段为泥岩；孔深55～60.8 m、71.1～84.7 m、119～125 m段为破碎带；孔深144～150.3 m段为片麻岩强风化带，以凝灰岩、断层泥为主。

ZKC0-2孔，孔深117～118.7 m、134～140 m、179～182 m段为凝灰岩夹煤线；孔深199～208 m段为破碎带，原岩为凝灰岩、泥岩，经常反复钻进；孔深153～155 m、178～180 m段为煤；孔深181～205 m、214～215.6 m、235～237.3 m段为凝灰岩；孔深252～255 m段为玄武岩与花岗片麻岩不整合接触面，岩芯强度低、易碎，为破碎带。

ZKC0-3孔，孔深153～155 m、178～180 m段为煤；孔深181～205 m、214～215.6 m、235～237.3 m段为凝灰岩；孔深252～255 m段为玄武岩与花岗片麻岩不整合接触面，岩芯强度低、易碎，为破碎带。

ZKC0-4孔，孔深105～118 m段处钻进过程不返水，有孔内坍塌掉块儿，钻进近1周时间；孔深117～119 m、133～138 m段为煤线；孔深159～167 m、183～188.8 m段为凝灰岩夹煤线；孔深242～253 m段为玄武岩与花岗片麻岩不整合接触面，岩芯易崩解破裂，为破碎带。

（2）E400剖面

ZKC1-1孔，孔深49.1～52.4 m为玄武岩夹煤线，煤厚约0.5 cm；孔深120～140 m为凝灰岩，钻进过程中经常塌孔；孔深157.3～161.2 m段以炭质泥岩为主。

ZKC1-2孔，孔深109～115 m段为玄武岩夹煤线，岩芯较破碎；孔深140～148 m段为泥岩、凝灰岩，局部岩芯破碎；孔深153～170 m、207～209 m、214～216 m段均为破碎带，原岩为凝灰岩、泥岩，泥化较强烈。

ZKC1-3孔，孔深154～169 m、179～184 m、251～252 m段均为破碎带，原岩为凝灰岩、泥岩，其中251～252 m段为玄武岩与花岗片麻岩不整合接触面处，岩芯呈泥状。

2.4.2　水文地质勘察

2.4.2.1　基岩裂隙水勘察

基岩裂隙水勘察的目的是，得到各个边坡稳定计算模型中需要的基岩裂隙水位线。

根据前期钻探工作，在南帮变形区域内的 E400、E1200 两条剖面线上布置了 7 个钻孔，其中，E1200 剖面线上布置了 4 个钻孔，E400 剖面线上布置了 3 个钻孔。终孔后进行了稳定水位观测，所测深度为 43～156 m。布置完观测仪器后仅在 E1200 剖面线 −200 m 水平、E400 剖面线 −100 m 水平及 −200 m 水平留 3 个水文观测孔，其余 4 个钻孔均已封闭，无法观测。受南帮变形影响，有 2 个水文观测钻孔错位、坍塌，目前，仅有 E400 水平钻孔测具可以下到 80 m 处，但测不到水位。

根据各孔稳定水位测试结果，绘制等水位线图（如图 2.11 所示），并根据等水位线图给出各个地质剖面的水位线（见工程地质模型）。

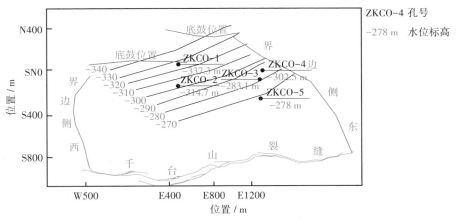

图 2.11　南帮等水位线图

2.4.2.2　第四系水勘察

刘山旧河道南北贯穿西露天矿矿坑，1936年4月—1938年11月进行改道，改道后由杨柏人工河向西引入古城河。刘山旧河道对应南帮E1160～E1207地面位置，位于南帮变形区范围内，基岩下切，存在河卵石层，渗透性良好。第四系水勘察的目的是查清杨柏人工河与刘山旧河道是否存在水力联系、联系的密切程度及对南帮变形的影响程度。勘察结果表明，刘山旧河道与杨柏人工河之间无明显水力联系，刘山旧河道主要补给来源为大气降水直接入渗及山坡汇水沿地表裂缝入渗补给。

（1）测绘

对杨柏人工河（刘山水泡子至刘山老河道与杨柏人工河交汇处）河面标高进行重新测绘。杨柏人工河与刘山老河道交汇处的标高为89.6 m，刘山水泡子水面标高为92.3 m，钻孔稳定水位标高为93.5 m，刘山旧河道稳定水位标高比杨柏人工河水位标高高3.9 m，比刘山水泡子水面标高高1.2 m。

（2）物探

调查剖面起于新河道边部，可以施测区段延续接近采坑边部，中间由于厂房占用无法布设测线，放弃中间部分，测线实际控制长度为292 m。

旧河道有两层河床界面高程：海拔40，70 m。所测剖面上反映出3段（宽度分别为55，63，21 m）有细黏土状的填埋地质体，推断为阻水填埋体。目前所测剖面下未见有储水体赋存。

（3）钻探

刘山老河道由南向北共有三条止水带，分别为：最南侧第一条止水带位置在S1300左右，宽度为40 m；中间第二条止水带位置在S900左右，宽度为60 m；第三条止水带位置在S700左右，宽度为20 m。

在刘山旧河道的裂缝两侧布置了2个钻孔。裂缝以南、止水带（物探测得）以北布置了第一个钻孔。钻探结果：钻进稳定水位为14.4 m，稳定水位标高为93.5 m，钻孔深度45 m，剖面图如图2.12所示。第二个钻孔在刘山旧河道裂缝以北止水带上。钻探结果：钻进深度24 m，未见水。

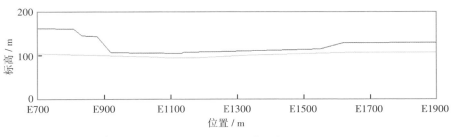

图2.12 刘山老河道纵断面

2.4.3 物探工程

2.4.3.1 工程概述

本次对抚顺西露天矿南帮边坡的地震探测工作，2013年6月19日开始，2013年6月28日结束。共完成东西向剖面测线三条（67水平、一号公路、三号公路），南北向剖面测线一条（矿坑外旧河道）的全部现场物探数据采集工作。控制剖面长度为8650 m，其中，67水平实测剖面长度3026 m、一号公路实测剖面长2924 m、三号公路实测剖面长2408 m，旧河道控制剖面长292 m。

二分量地震实测测点间距2 m，物理点总数为4325×2 = 8650个，实际控制剖面总长8650 m。本次勘测实测平面如图2.13所示。

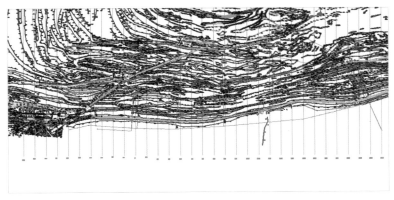

图2.13 二分量地震实测测线布置平面图

（绿色平行线是勘探线百米间隔位置，蓝色线是地震勘探线位置）

2.4.3.2 物探成果

（1）三号公路剖面

三号公路剖面地震勘探控制长度为2408 m，从三号公路西部顶端沿路随地形坡线至东部F₅以东止。

煤系地层自南向北倾斜，基本为单斜构造。沿剖面方向煤系地层近直交，解释层位起伏不大、连续性好、易追踪。

综合钻孔资料，本剖面地震显示可连续追踪的煤层（包括相变）有6层，其中只有2层近于全线发育。

推断断层，共发现断点5个，有4个断裂穿过基底顶界面。其中，W400～W200、E200～E800、E1200～E1400三段是挤压破碎严重地带。

图2.14中褐色线表示基岩顶界面，蓝色线、黄色线为两组煤系地层中的岩层界面，绿色线表示局部松散软弱层的位置皆不甚连续，天蓝色线圈定的范围分层性好，有河道沉积特征。

本剖面中辉绿岩不甚发育，只有零星分布。

图2.14中绿色垂向粗线条表示地下含水部位，西部在W400附近，深度在距地表 –100 m以下，属基岩裂隙含水；中部集中在W450～W550，深度在距地表 –100～–150 m，都属于基底水上升到煤系地层之中。

（2）一号公路剖面

一号公路剖面地震勘探控制长度为2924 m，从E1900开始沿公路地形至西部W800以西为止。

煤系地层自西向东倾斜，基本为缓倾斜走势。

综合钻孔实见，本剖面地震显示可连续追踪的煤层（包括相变）有2层，相变较明显，两层间距由西向东逐渐变大，两层全线发育，部分地段有多层显示。

推断断层，共发现较大断点7个，有4个断裂自地表贯穿过基底顶界面。其中，W500～W200、E200～E700、E1000～E1200三段是挤压破碎严重地带。

图2.15中褐色线表示基岩顶界面，蓝色线、黄色线为两组煤系地层中的岩层界面，绿色线表示局部松散软弱层的位置皆不甚连续，天蓝色

线圈定的范围分层性好，有河道沉积特征。

图2.15中绿色垂向粗线条表示地下含水部位，中部在E500～E800附近，深度在距地表 –100～–150 m，属基岩裂隙含水，都属于基底水上升到煤系地层中。

图2.15中横向绿色线表示松散软弱层的位置皆不甚连续。

本剖面中辉绿岩不甚发育，只有零星分布。

（3）67水平剖面

67水平剖面地震勘探控制长度为3026 m，从西部炼油厂沿地形坡线至东部近E2200止。

煤系地层自西向东缓倾斜，基本为单斜构造。

综合钻孔实见，本剖面地震显示可连续追踪的煤层（包括相变）有3层，相变较明显，有两层全线发育。

推断断层6条，有4个断裂自地表穿过基底顶界面。其中，W600～W300、E400～E600、E1100～E1500三段是挤压破碎严重地带。

图2.16中褐色线表示基岩顶界面，蓝色线、黄色线为两组煤系地层中的岩层界面，绿色线表示局部松散软弱层的位置皆不甚连续，天蓝色线圈定的范围分层性好，有河道沉积特征。

图2.16中绿色垂向粗线条表示地下含水部位，中部在E1500～E1600附近，深度在距地表 –120 m左右，属基岩裂隙含水，都属于基底水上升到煤系地层中。

图2.16中横向绿色线表示松散软弱层的位置皆不甚连续。

（4）旧河道含水区域及地下水位调查

详见2.4.2.2第四系水勘察，旧河道地震地质解释剖面如图2.17所示。

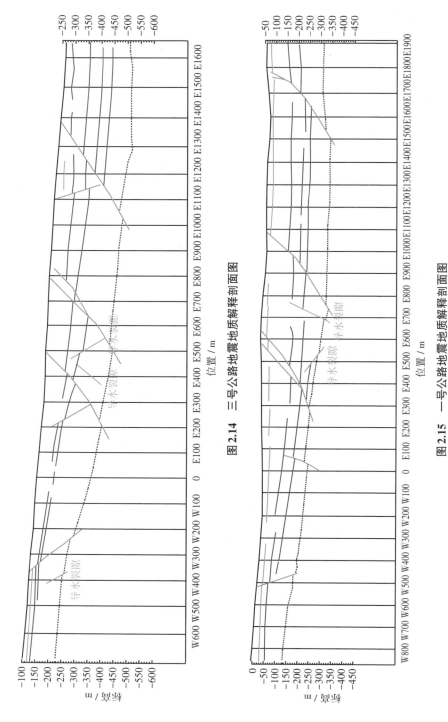

图 2.14 三号公路地震地质解释剖面图

图 2.15 一号公路地震地质解释剖面图

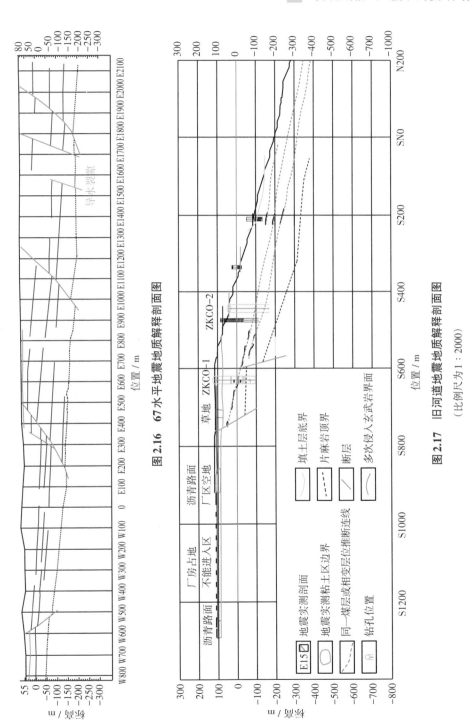

图 2.16 67 水平地震地质解释剖面图

图 2.17 旧河道地震地质解释剖面图

（比例尺为 1 ∶ 2000）

2.4.4　岩体节理、结构面调查

（1）节理调查

由于搜索关键块的前提为所有结构面为圆盘，刚性且光滑，而现场结构面是凹凸不平的，因此搜索出的关键块存在滑落的可能性，而确定关键块是否滑落则需要结合现场结构面的力学性能进行综合分析。从模型计算结果来看，关键块体主要由 $320°\sim346°\angle25°\sim40°$、$275°\sim296°\angle51°\sim54°$ 及 $90°\sim111°\angle50°\sim58°$ 三种优势结构面切割而成。如果发现此三种优势结构面同时频繁出现，则需要引起重视，以防止由于关键块的滑落引起边坡失稳，导致大面积岩体滑落事故的发生。

如图 2.18 所示，西露天矿南帮岩层与坡体均倾向北，二者倾向基本一致，为顺倾层结构；在应力释放过程中，岩体沿地层层面向北、向下滑移，玄武岩岩体中软弱结构面与花岗片麻岩和玄武岩不整合接触面构成潜在滑动面，潜在滑动面倾角（$30°$左右）大于坡角（$19°\sim27°$），构成"隐伏型"顺向坡。在这种坡体结构中，潜在滑动面一般不直接在坡面出露，而是隐于坡脚之下。在采煤扰动作用下，当采坑加深、加宽过程中切断了某一层面，会使岩体处于临空状态，上部岩体向北滑移，浅部岩体沿不整合接触面被拉张，在地表形成陡坎和地裂缝（滑坡后缘地裂缝）；深部岩体向下滑移，随着边坡的加深，推力逐渐加大，上部岩层对下部岩体有较大的推力作用，一旦下部支撑减弱（如矿坑下的矿山开采及开挖坡脚活动等），上部岩层顺层的推力促使坡脚岩层弯曲变形而破裂，把底部岩体剪坏，形成新的软弱结构面，从坡脚剪出，从而形成上部顺层、下部切层的大规模滑坡。

西露天矿南帮出露岩体以玄武岩为主，南帮边坡玄武岩岩体中产状为 $339°\angle34°$ 的结构面最多（结构面倾向与边坡倾向较一致，外倾的结构面对边坡的稳定性极为不利），产状为 $285°\angle52°$、$106°\angle54°$ 的结构面次之；结构面体密度为 $2\sim6$ 条/m^3。

通过滑坡体与节理的成因联系，节理裂隙统计结果显示：南帮滑坡体节理裂隙发育，以张性裂隙为主，走向以北东向、北西向为主；节理

裂隙的发育为降雨的入渗提供了有效的入渗通道，为滑坡岩土体的软化和滑动面的形成提供了有利条件。

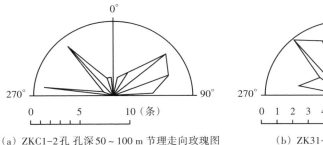
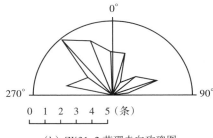

（a）ZKC1-2孔 孔深50~100 m 节理走向玫瑰图 　　（b）ZK31-2 节理走向玫瑰图

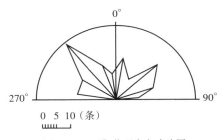
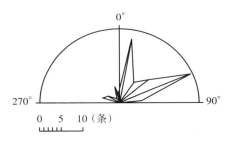

（c）ZKC0-3孔 节理走向玫瑰图 　　（d）ZKC23-2孔 100~150 m 节理走向玫瑰图

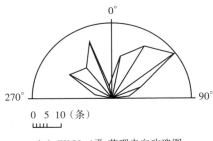
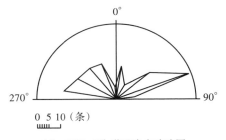

（e）ZKC0-4孔 节理走向玫瑰图 　　（f）ZKC0-5孔 节理走向玫瑰图

图2.18　节理走向玫瑰图

（2）边坡岩体结构面调查

根据结构面调查结果，对于比较关注的 E1200 剖面，结合剖面图，将 −20 m 边坡平台结构面信息进行整合，结果如图 2.19 所示，优势结构面、倾角分布如图 2.20 所示。

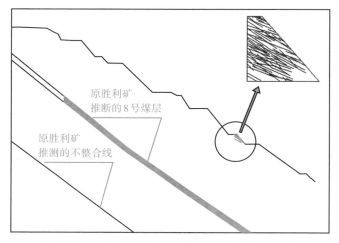

图2.19 −20 m边坡平台结构面分布图（E1200）

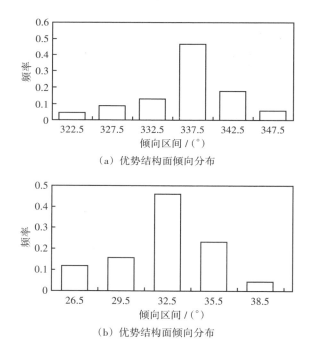

（a）优势结构面倾向分布

（b）优势结构面倾向分布

图2.20 优势结构面倾向、倾角分布图

对西露天南帮 E600～E2000 不同平盘，有针对性地选取测试区域17个，最终合成11个，结构面总测试面积约5500 m²，处理结构面33组，共2200多条。通过对边坡结构面调查分析，南帮边坡岩体结构面优势产状有如下分布规律：产状为339°∠34°的结构面最多；产状为285°∠52°和106°∠54°的结构面次之；结构面体密度为2~6条/m³。

（3）参数识别及关键块的确定

通过对不同测点岩石点荷载强度、结构面产状、迹长等信息的整合，基于广义Hoek-Brown准则，岩体质量分级结果如表2.2所示。

表2.2 岩体质量分级结果汇总表

取样平台	测点	岩性	岩石单轴抗压强度/MPa	节理体密度条/m³	BQ值	岩体质量等级
+20 m	1	玄武岩	117.009	5.7084	438.58	Ⅲ
	2	玄武岩	88.074	2.6495	391.98	Ⅲ
	3	玄武岩	88.940	4.8126	339.13	Ⅳ
	4	玄武岩	119.8637	3.7987	436.42	Ⅲ
−20 m	5	玄武岩	93.8798	—	—	—
	6	玄武岩	60.0464	2.4723	304.80	Ⅳ
	7	玄武岩	94.1725	3.7322	404.97	Ⅲ
	8	玄武岩	110.5907	—	—	—
	9	玄武岩	89.4164	4.1053	392.26	Ⅲ
−323 m	10	玄武岩	59.411	—	—	—
−250 m	11	砂质凝灰岩	50.9525			
	12	煤岩	33.1516			
	13	煤岩	30.1632	4.2773	266.58	Ⅳ
−71 m	14	风化玄武岩	84.571	2.0221	410.64	Ⅲ
−216 m	15	风化玄武岩	96.61	2.9225	338.54	Ⅳ
−208 m	16	风化玄武岩	83.72	3.7619	305.35	Ⅳ
−309 m	309	煤岩	36.3692	—	—	—

南帮E400~E1600岩体质量分级可分为Ⅲ级和Ⅳ级。Ⅳ级岩体为强风化玄武岩，这类玄武岩节理发育，已经完全风化为浅黄色，但仍可见原岩结构，有时可见明显的球状风化结构。图2.21为西露天煤矿南帮边

坡不同勘察区域岩体分级分区图，图中圈画区域岩体质量分级为Ⅳ级。Ⅳ级岩体区域以 E1100 为中心，从 +20 m 向坑下延伸达到 -200 m 标高，东西区间宽度为 400 m，自稳能力较差。

其他区域为Ⅲ级岩体，该岩体为半风化玄武岩，局部节理面已经风化为黄褐色，但岩块内仍见黑色结晶质，这部分岩体的张节理中有黏土充填，虽然稳定性较Ⅳ级稍高一些，但是也要结合现场实际情况，加强安全防范意识，以防止危险事故发生。

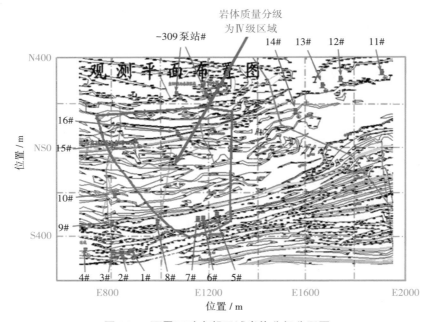

图 2.21 西露天矿南帮区域岩体分级分区图

南帮关键块计算测点区域，岩体节理发育，风化严重。其中 +20 m（E600 ~ E1000）平台边坡，测点 2# 关键块体共 6 块，体积最大为 15.9 m³，安全系数为 0.858；测点 4# 关键块体共 10 块，体积最大为 12.3 m³，安全系数为 0.727。-20 m（E800 ~ E1200）平台边坡，测点 6# 关键块体共 9 块，体积最大为 38.7 m³，安全系数为 0.662，从工程现场来看，关键块体所在区域已经出现岩体剥落现象，并且剥落面积较大；-200 m（E900 ~ E1100）平台边坡，测点 15# 关键块体共 8 块，体积最大为 16.5 m³，安全系数为 0.734。

3 软岩蠕变-大变形试验及模型研究

软岩赋存于高陡露天边坡弱层环境下，强度不足以承受露天矿坑底开挖引起的应力集中，容易因此产生塑性剪切滑移。开挖应力释放及调整后围岩将形成峰前弹性区、峰后塑性软化区和残余流动塑性区。随着时间不断增加，处于峰前弹性状态的围岩将由黏弹性变形向黏塑性变形转化，并伴随黏塑性应变软化现象，致使峰前弹性区围岩发生非线性蠕变-大变形现象；不仅如此，明显的非线性黏塑性流变特性也会在高陡露天边坡弱层软岩峰后塑性区表现出来，使得围岩变形程度增大、变形释放时间延长，大大地制约了治理工程的建设工期，进而严重影响露天矿的安全生产和经济效益。因此，在研究高陡露天边坡弱层软岩蠕变-大变形特性的基础上，提出软岩蠕变-大变形本构模型，揭示高陡露天边坡弱层软岩大变形非线性蠕变规律，探寻高陡露天矿边坡软岩蠕变-大变形问题的实用理论是露天开采工程中亟须开展的基础性工作。

▶ 3.1 岩土物理力学性质试验

岩石物理力学性质的研究，是边坡稳定性分析中的重要内容。只有正确掌握岩石的强度特征，才能对边坡的稳定性做出正确的评价。抚顺西露天矿自20世纪50年代以来进行过大量的范围广泛的实验室常规物理力学试验，其试验内容和成果是极其丰富的。因此本项目的岩石力学试验主要结合项目需要，重点地、有选择性地进行，主要考虑到钻孔实际取样的难度及重点层位，进行了不同岩性的直接剪切、点荷载试验和滑坡反分析等方法进行测定，以达到相互对比和验证的目的，避免脱离地质条件的单纯力学分析的片面性缺点，以综合确定岩体强度指标。

3.1.1　玄武岩岩体强度

通过不同测点岩石点荷载强度、结构面产状、迹长等信息的整合，基于Hoek-Brown准则，得出岩体强度力学参数指标，如表3.1所示。

表3.1　基于Hoek-Brown准则计算岩体强度力学指标

取样平盘	测点	岩体单轴抗压强度 σ_c / MPa	岩体单轴抗拉强度 σ_t / MPa	弹性模量 E / MPa	黏聚力 c/MPa	内摩擦角 φ / (°)	岩体质量等级
+20 m	1	3.488	−0.092	7293.1	0.869	50.64	Ⅲ
	2	2.874	−0.077	7333.8	0.788	49.18	Ⅲ
	3	0.555	−0.012	2238.5	0.438	39.46	Ⅳ
	4	3.71	−0.098	7506.1	0.894	51.01	Ⅲ
−20 m	6	0.418	−0.01	2042.4	0.493	33.59	Ⅳ
	7	2.412	−0.062	6307.7	0.925	45.38	Ⅲ
	9	2.122	−0.053	5802.7	0.881	44.55	Ⅲ
−250 m	13	0.184	−0.004	1310.7	0.476	24.9	Ⅳ
−71 m	14	1.473	−0.035	4482.5	0.958	39.62	Ⅲ
−216 m	15	0.679	−0.015	2509.37	0.436	31.28	Ⅳ
−208 m	16	0.545	−0.012	2218.04	0.456	29.82	Ⅳ

注：根据边坡岩体结构面统计确定了玄武岩切层岩体强度指标为两个，Ⅲ级风化岩体的黏聚力约为900 kPa，内摩擦角为42°；Ⅳ级强分化岩体的黏聚力约为450 kPa，内摩擦角约为30°。

3.1.2　岩体直剪试验

采用YAW-300岩体直剪试验机进行岩石的抗剪强度试验。图3.1为用于试验的岩块试件，图3.2为部分破坏的岩样。

 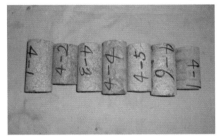

图3.1　用于抗剪强度试验的岩块试件

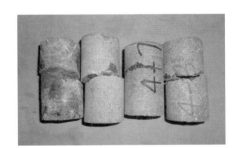 

图3.2　部分破坏的岩样

按下式（3.1）计算岩石各法向载荷下的法向应力和剪应力。

$$\sigma = \frac{P}{A};\ \tau = \frac{Q}{A} \tag{3.1}$$

式中，σ——作用于剪切面上的法向应力，MPa；

τ——作用于剪切面上的剪应力，MPa；

P——作用于剪切面上的总法向载荷，N；

Q——作用于剪切面上的总切向载荷，N；

A——剪切面面积，mm^2。

根据各剪切阶段特征点的剪应力和法向应力值，采用最小二乘法绘制剪应力τ与法向应力σ的关系曲线，并确定相应的抗剪强度参数。

通过计算，可以得到各岩石的抗剪强度，如表3.2所示。

表3.2 岩石抗剪强度

岩石名称	采样深度 / m	试件编号	直径 / cm	高度 / cm	法向荷载 / kN	剪切荷载 / kN	法向应力 / MPa	剪应力 / MPa	黏聚力c / MPa	内摩擦角 φ / (°)
风化壳	155.6 ~ 155.8	1	4.86	4.27	2.00	3.76	1.08	2.03	2.72	21.53
	155.6 ~ 155.8	2	4.86	5.05	3.00	5.94	1.62	3.20		
	155.6 ~ 155.8	3	4.86	5.46	5.00	7.87	2.70	4.24		
	157.5 ~ 157.7	4	4.90	4.85	1.00	7.31	0.53	3.88		
	156.5 ~ 156.6	5	4.88	7.26	4.00	6.42	2.14	3.43		
玄武岩	115.8 ~ 116.0	2–1	4.90	4.94	1.50	7.13	0.80	3.78	2.18	61.69
	52.4 ~ 52.6	2–2	4.88	9.23	7.50	17.79	4.01	9.51		
	55.8 ~ 56.0	2–3	4.86	5.01	6.00	15.47	3.23	8.34		
	66.1 ~ 66.3	2–4	4.86	5.67	4.50	12.63	2.43	6.81		
	76.4 ~ 76.6	2–5	4.90	7.70	3.00	9.10	1.59	4.83		
片麻岩	173.9 ~ 174.1	4–1	4.90	10.34	10.50	22.47	5.57	11.92	3.49	54.26
	171.0 ~ 171.2	4–2	4.90	7.94	9.00	19.16	4.77	10.16		
	200.2 ~ 200.4	4–3	4.92	9.64	7.50	15.07	3.94	7.93		
	166.2 ~ 166.4	4–4	4.87	10.76	6.00	11.61	3.22	6.23		
	189.0 ~ 189.2	4–5	4.92	9.78	1.50	6.18	0.79	3.25		
	208.8 ~ 209.0	4–6	4.95	10.58	3.00	13.97	1.56	7.26		
	183.7 ~ 183.9	4–7	4.91	8.53	4.50	16.23	2.38	8.57		
破碎带	123.0 ~ 123.2	3–1	4.87	3.96	0.6	2.74	0.32	1.47	1.79	62.59
	123.0 ~ 123.2	3–2	4.90	4.57	1.2	7.98	0.64	4.23		
	123.0 ~ 123.2	3–3	4.87	5.50	1.8	7.56	0.97	4.06		
	146.6 ~ 146.8	3–4	4.91	4.80	2.4	6.73	1.27	3.55		

3.1.3　物理力学试验

表3.3　部分试验数据

岩石名称	抗剪强度		备注
	黏聚力 c / MPa	内摩擦角 φ / (°)	
A层煤页岩	0.124	19	野外单点屈服
	0.193	16	室内单点屈服
	0.132	17	室内流变强度
软质凝灰岩	0.51	15	野外单点屈服
	0.43	15	室内单点屈服
	0.23	14	室内流变强度
硬质凝灰岩	0.23	24.5	野外试验
B层煤	0.227	16.5	野外试验

3.1.4　滑坡反分析抗剪强度指标

　　滑坡的产生相当于一次大型岩体的剪切试验，它是采矿和地质条件综合作用的结果。因此，利用滑坡反分析得到的岩体抗剪强度指标往往更具有代表性。通过对以往滑坡的滑前地表轮廓和滑动面位置较为准确的典型滑坡进行的滑坡反分析，确定的计算结果如表3.4所示。

表3.4　滑坡反分析计算结果

岩层名称	抗剪强度		典型滑坡
	黏聚力 c / (t·m⁻²)	内摩擦角 φ / (°)	
A层煤页岩顺层抗剪强度	1.8	14.8	1964年南机电滑坡
软质凝灰岩顺层抗剪强度	2.36	15.5	1978年南崩岩区W700滑坡

表3.4（续）

岩层名称	抗剪强度		典型滑坡
	黏聚力 c /（t·m^{-2}）	内摩擦角 φ /（°）	
软质凝灰岩切层抗剪强度	3.6	29.7	西端帮滑坡
	计算取值	反算值	

3.1.5　岩土物理力学指标确定

综合上述各种试验所得结果，以及滑坡反分析所得成果，经分析后得到各岩种岩体强度力学指标，见表3.5。

表3.5　岩体强度力学指标

岩石名称	容重	抗剪强度		备注
	γ /（kN·m^{-3}）	C / kPa	φ /（°）	
第四系	23	30	28	
玄武岩1	28	60	29	强风化
玄武岩2	28	120	38	弱风化
煤	15	140	35	
片麻岩	25	150	38	
泥页岩	20	120	35	
弱层	28	30 ~ 35	15 ~ 20	
断层泥	28	30	29	
排弃物料	20	15	25	三轴试验

▶ 3.2　软岩蠕变-大变形试验方案

试验主要设备为GDS高精度软岩流变仪（产地英国），该设备可以进行常规单轴、三轴压缩及蠕变等试验。该实验系统主要包含250 kN电机驱动数字荷载架、32 MPa压力/体积控制系统、局部应变传感器及多功能测试模块，可开展软岩排水或不排水三轴压缩试验（UU或CU法）、单轴压缩及流变试验和三轴压缩流变试验等，具有高测试精度，可以满足软岩单轴及三轴流变大变形试验的要求。试验仪器如图3.3所示。

图3.3 英国GDS软岩流变仪

安装后试样如图3.4所示。试样上安装有3个位移传感器，其中，2个测定局部轴向位移，另一个测定径向位移。

（a）软岩试件 （b）位移传感器

图3.4 软岩试件及位移传感器

3.2.1 常规三轴压缩实验方案

常规单、三轴压缩试验分别选取6组软岩岩样进行试验，围压根据需要分别设定为 0，5，8，10 MPa。

首先，将准备好的试样放进压力室内，充油并加围压至预定值（单轴压缩实验无需充油），此时围压保持不变，施加 0.1 kN 的轴向荷载，使软岩试样与压力室上部相接触，并将初始位移清零。

其次，采用位移法施加轴向荷载，加载速率设定为 1 mm/min，直到岩样发生整体破坏。

最后，通过进行不同围压条件下软岩岩样常规单、三轴压缩试验，得到试样破坏全过程的 $\sigma - \tau$ 曲线，分析 $\sigma - \tau$ 曲线演化过程及特征，进而确定软岩试样的物理力学参数[117-120]。

3.2.2 软岩峰前压缩蠕变试验方案

峰前压缩蠕变试验选取 6 组软岩岩样进行试验，围压根据需要分别设定为 0，2，3，4，5，10 MPa。采用分级加载方式，拟施加最大荷载为同等围压条件下常规压缩试验岩石强度的 80%，分 5 到 6 级加载，逐级加载为 2 d（即 48 h），之后施加下一级荷载，直到岩样发生整体破坏。

首先，将准备好的软岩试样放进压力仓内，充油并施加围压到设定值，之后维持围压不变，施加 0.1 kN 的轴向荷载使试样与压力室上部接触，并将初始位移清零。

其次，采用荷载法施加轴压到设定值，加载速率设定为 0.5 MPa/min，维持轴压不变。采用分级施压，进行不同围压条件下峰前压缩蠕变试验，不同应力梯度如表 3.6 所示。

表 3.6 不同围压条件下峰前蠕变试验应力施压梯度

围压 σ_3 / MPa	2	3	4	5	10
每级施加偏应力（$\sigma_1-\sigma_3$）/ MPa	0.65	0.89	0.9	0.8	1.35

最后，通过对不同围压作用下的岩样开展三轴压缩蠕变试验，获取岩石蠕变曲线，研究软岩岩样轴向、径向的蠕变应变随时间的变化规律。

3.2.3 软岩峰后压缩蠕变试验方案

深部软岩不仅在峰前弹性阶段具有明显的蠕变–大变形特性，当达到峰后塑性阶段时，围岩的变形扩展仍具有明显的时效特性。

在开展软岩岩样峰后压缩蠕变试验时，第一步应将试样加载至峰后应变软化阶段。将准备的试样放进压力仓中，充油并施加围压到设定值，维持围压不变，施加 0.1 kN 的轴向力，令试样与压力室上部接触，并将初始位移清零。采用位移法将软岩试样加载到峰后应变软化阶段，加载速率设定为 0.1 mm/min。

当试样分别进入峰后应变软化初期、中期及末期时，将偏应力 $\sigma_1-\sigma_3$ 卸载至零，即得到处于峰后应变软化初期、中期及末期的试样，将位移清零，把卸载时试样的强度分为若干级，开展软岩峰后压缩蠕变试验。

采取荷载法施加轴压到预定值，加载速率设定为 0.5 MPa/min，轴压维持不变。每隔 2 d（即 48 h）施加下一级荷载，直到岩样发生整体破坏。

对不同围压条件下软岩峰后应变软化初段、中段及末段分别进行软岩峰后压缩蠕变试验，获得软岩试样轴向、径向的蠕变应变随时间的变化规律。

应采取分级加载的方式开展不同围压条件下峰后压缩蠕变试验，加载应力梯度如表 3.7 所示。

表 3.7　不同围压条件下峰后蠕变试验应力加载梯度

围压 σ_3 / MPa	1			1.5		
	初期	中期	末期	初期	中期	末期
每级施加偏应力 $(\sigma_1-\sigma_3)$ / MPa	0.57	0.62	0.545	0.46	0.95	0.6

》3.3　软岩常规应力–应变曲线

通过三轴压缩试验得到的弱层软岩全过程应力–应变曲线见图 3.5，

图中分别列举了围压为 0，5，8，10 MPa 时的应力-应变曲线，经过研究应力-应变曲线的特征可知，当围压处于较低状态时，弱层软岩总体呈现出弹脆塑性特征，具有较大的强度衰减幅度。随着围压不断增大，软岩呈现出较好的延性特征，当围压达到 10 MPa 时，软岩表现出了典型的弹塑性特征。通过对软岩的力学参数进行非线性拟合分析，得到图 3.6 所示的软岩强度拟合曲线。

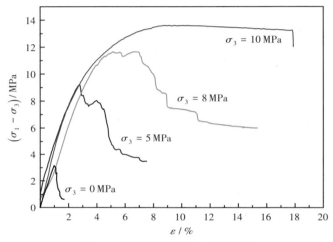

图3.5   弱层软岩应力-应变曲线

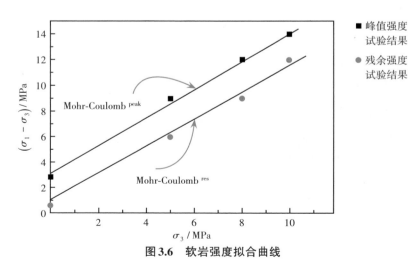

图3.6   软岩强度拟合曲线

通过分析常用的岩石强度准则[121-124]，结合图3.6和实验数据，拟合获得的Mohr-Coulomb强度曲线的精度较高。在现场的实际应用中，一般需考虑岩石剪胀这一影响因素，由于获得摩尔库伦强度参数的难度较低，因此，对弱层软岩峰后本构模型开展了基于摩尔库伦强度准则的研究。

拟合得到的软岩强度拟合参数如表3.8所示，由于Mohr-Coulomb强度准则为线性方程，所以采用线性拟合方程对试验数据进行拟合，方差均在0.95以上，说明精度满足要求。

表3.8 软岩强度拟合参数

强度准则	Mohr-Coulomb准则					
强度参数	E / GPa	v	σ_c / MPa	c / MPa	φ / (°)	R^2
峰值	0.82	0.25	2.5	0.88	31	0.978
残余			0.4	0.42	30	0.966

》3.4 软岩蠕变–大变形曲线

3.4.1 软岩峰值前蠕变曲线

弱层软岩峰值前蠕变曲线如图3.7所示。通过研究该曲线特征可知，在不断增大围压的过程中，弱层软岩的蠕应变也逐渐增大，由低围压状态下的2.5%增大到14.5%，彰显出弱层软岩在高应力作用下具有典型的大变形特征。

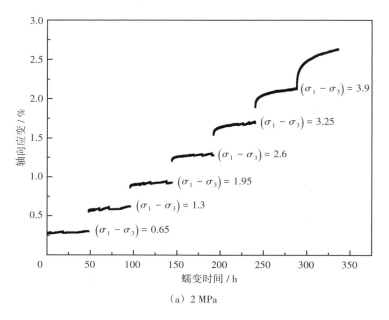

（a）2 MPa

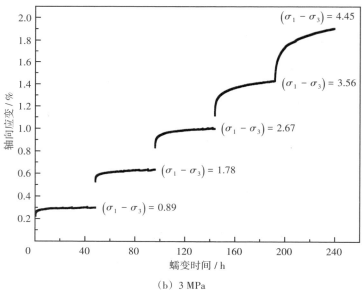

（b）3 MPa

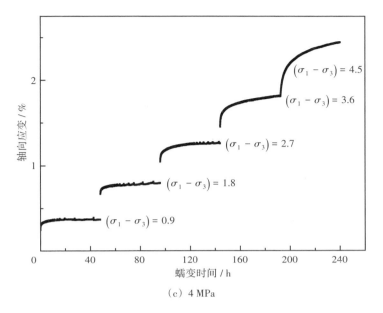

（c）4 MPa

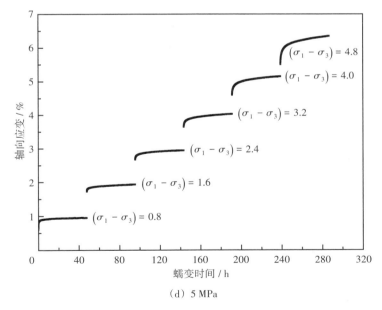

（d）5 MPa

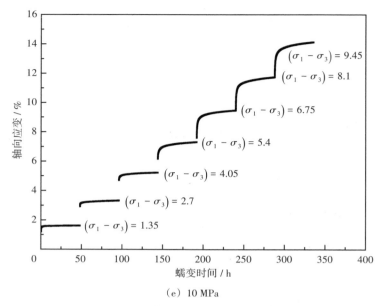

（e）10 MPa

图3.7　不同围压条件下弱层软岩峰值前蠕变曲线

3.4.2　软岩峰值后蠕变曲线

　　通过峰值后蠕变试验获得的弱层软岩峰值后蠕变曲线如图3.8所示。研究曲线特征可得，峰值前、后的蠕变曲线特征具有较大差异，主要体现在蠕应变方面，通过观察蠕变曲线可知，软岩峰值后的蠕应变较小，在峰值后的前期和后期，蠕应变的范围为0.1%～0.6%，说明软岩峰值后的蠕变特性极不稳定，这与软岩峰值后的应力路径和软岩的破裂特征有关。

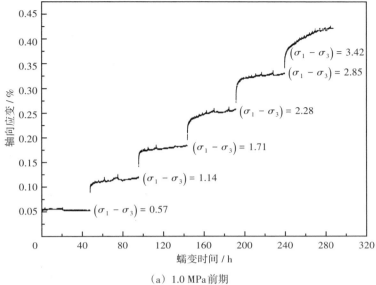

（a）1.0 MPa 前期

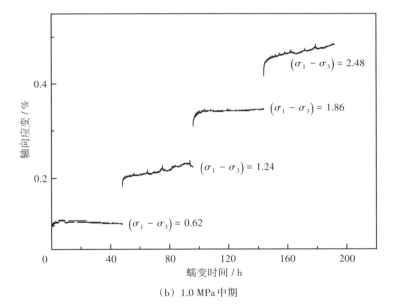

（b）1.0 MPa 中期

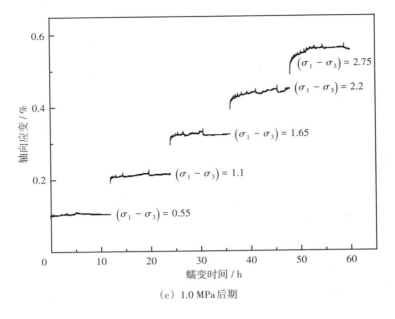

（c）1.0 MPa后期

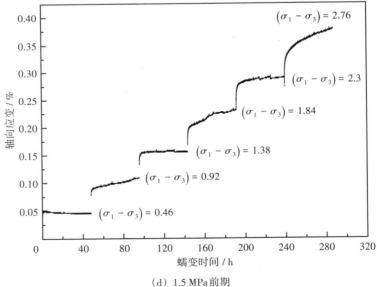

（d）1.5 MPa前期

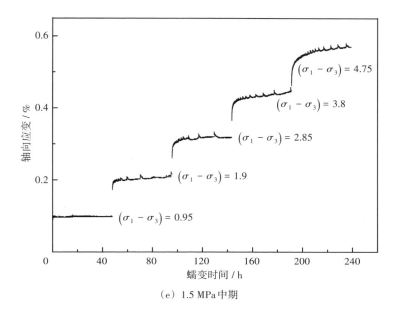

（e）1.5 MPa 中期

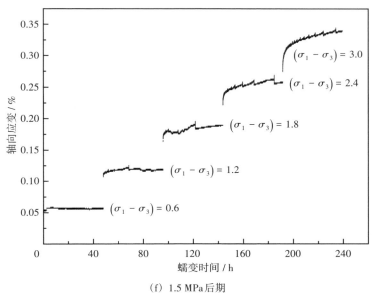

（f）1.5 MPa 后期

图3.8 不同围压条件下软岩峰值后蠕变曲线

▷ 3.5　软岩蠕变–大变形模型

3.5.1　软岩BNSS蠕变损伤模型

本节在充分研究Burgers模型的基础上[125-129]，将非线性M–C塑性元件引入其中，并实现Burgers模型与非线性摩尔库伦的应变软化S–S塑性元件的串联，形成BNSS蠕变损伤模型，如图3.9所示。

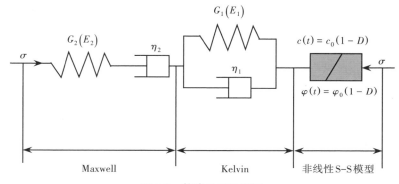

图3.9　软岩BNSS模型

衰减蠕变和稳定蠕变可以合理地在Burgers蠕变模型中描述出来，$\sigma - \varepsilon$ 偏量本构关系为

$$2E_1 e_{ij} + 2\eta_1 \dot{e}_{ij} = \frac{E_1}{\eta_2} S_{ij} + \left(1 + \frac{E_1}{E_2} + \frac{\eta_1}{\eta_2}\right) \dot{S}_{ij} + \frac{\eta_1}{E_2} \ddot{S}_{ij} \quad (3.2)$$

在 σ_1 和 σ_3 作用下，推导出基于Burgers模型的岩石轴向蠕变应变为

$$\varepsilon(t) = \frac{\sigma_1 - \sigma_3}{9K} + \frac{\sigma_1 - \sigma_3}{3G_2} + \frac{\sigma_1 - \sigma_3}{3G_1}\left[1 - \exp\left(-\frac{G_1 t}{\eta_1}\right)\right] + \frac{\sigma_1 - \sigma_3}{3\eta_2} t \quad (3.3)$$

$$\left.\begin{array}{c} G_1 = \dfrac{E_1}{2(1+\nu)} \\[3mm] G_2 = \dfrac{E_2}{2(1+\nu)} \end{array}\right\} \quad (3.4)$$

  岩石蠕变的加速阶段无法在 Burgers 模型中精准描述。试验研究发现黏塑性变形高度发展过程即加速蠕变阶段，岩石强度将在该过程急速降低，如果岩石发生大规模塑性流动，将在极短时间内出现破裂扩容。认识到岩石加速蠕变受黏塑性影响，将 S-S 塑性非线性元件引入其中，假定其服从摩尔库伦准则，即 $f = 0$，则剪切屈服和拉伸屈服在主轴应力空间的公式分别为

$$f_s = \sigma_1 - \sigma_3 N_\varphi + 2c\sqrt{N_\varphi} \tag{3.5}$$

$$N_\varphi = \frac{1 + \sin\varphi}{1 - \sin\varphi} \tag{3.6}$$

$$f = \sigma_t - \sigma_3 \tag{3.7}$$

式中，φ 为岩石的内摩擦角，c 为岩石的黏聚力，σ_t 为抗拉强度，σ_1 和 σ_3 分别为最大、最小主应力（拉为正）。

假设 c_0、φ_0 分别为岩石的初始黏聚力和内摩擦角，在蠕变过程中，c_0、φ_0 的蠕变损伤公式应为

$$c(t) = c_0(1 - D) \tag{3.8}$$

$$\varphi(t) = \varphi_0(1 - D) \tag{3.9}$$

将式（3.8）和式（3.9）代入式（3.5）和式（3.6），得到应变软化 S-S 塑性非线性元件与时间有关的剪切屈服准则为

$$f_s = \sigma_1 - \sigma_3 N_\varphi + 2c(t)\sqrt{N_\varphi} \tag{3.10}$$

$$N_\varphi = \frac{1 + \sin\varphi(t)}{1 - \sin\varphi(t)} \tag{3.11}$$

BNSS 蠕变损伤模型中总偏应变率为

$$e_{ij} = e_{ij}^K + e_{ij}^M + e_{ij}^P \tag{3.12}$$

对于 Kelvin 体，有

$$S_{ij} = 2\eta_1 e_{ij}^K + 2E_1 e_{ij}^K \tag{3.13}$$

对于Maxwell体，有

$$e_{ij}^{M} = \frac{S_{ij}}{2E_2} + \frac{S_{ij}}{2\eta_2} \tag{3.14}$$

应变软化S–S非线性体的偏应变率为

$$e_{ij}^{P} = \lambda \frac{\partial g}{\partial \sigma_{ij}} - \frac{1}{3} e_{vol}^{P} \delta_{ij} \tag{3.15}$$

$$e_{vol}^{P} = \lambda \left[\frac{\partial g}{\partial \sigma_{11}} + \frac{\partial g}{\partial \sigma_{22}} + \frac{\partial g}{\partial \sigma_{33}} \right] \tag{3.16}$$

体积行为由式（3.16）给出：

$$\sigma_0 = K \left(e_{vol} - e_{vol}^{P} \right) \tag{3.17}$$

势函数g形式如下：

$$g = \sigma_1 - \sigma_3 N_\psi \text{（压剪状态下）} \tag{3.18}$$

$$g = -\sigma_3 \text{（拉伸状态下）} \tag{3.19}$$

式中，ψ 为岩石剪胀角；K 为体积模量；g 为塑性势函数，$g = (1 + \sin\psi)/(1 - \sin\psi)$；$\lambda$ 为仅在塑性流动阶段非零的参数，通过 $f_s = 0$ 确定。

3.5.2 软岩BNSS蠕变损伤模型的数值实现

为了便于实现蠕变损伤模型程序化，在采用FLAC³ᴰ软件进行二次开发时，将式（3.19）写成增量的形式，在推导本构方程的有限元中心差分格式中体现出来：

$$\Delta e_{ij} = \Delta e_{ij}^{K} + \Delta e_{ij}^{M} + \Delta e_{ij}^{P} \tag{3.20}$$

采用中心差分，式（3.20）可以写成

$$\bar{S}_{ij}\Delta t = 2\eta_1 e_{ij}^{K} + 2E_1 e_{ij}^{-K}\Delta t \tag{3.21}$$

式中，$\bar{S}_{ij}$，e_{ij}^{K} 分别表示在单一时间增量步长内Kelvin体的平均偏应力及平均偏应变。

式（3.20）和式（3.21）可以写为

$$\Delta e_{ij}^{M} = \frac{\Delta S_{ij}}{2G_2} + \frac{\bar{S}_{ij}}{2\eta_2}\Delta t \tag{3.22}$$

$$\Delta \sigma_0 = K\left(\Delta e_{\text{vol}} - \Delta e_{\text{vol}}^{P}\right) \tag{3.23}$$

$$\bar{S}_{ij} = \frac{S_{ij}^{N} + S_{ij}^{O}}{2} \tag{3.24}$$

$$\bar{e}_{ij} = \frac{e_{ij}^{N} + e_{ij}^{O}}{2} \tag{3.25}$$

式中，O 和 N 分别表示单一时间增量步长内老量值和新量值；S_{ij}^{O}，S_{ij}^{N} 代表单一时间增量步长内老应力偏量和新应力偏量；e_{ij}^{O}，e_{ij}^{N} 代表单一时间增量步长内老应变偏量和新应变偏量。

将式（3.24）和式（3.25）代入式（3.22），可得

$$e_{ij}^{K,N} = \frac{1}{A}\left[Be_{ij}^{K,O} + \frac{\Delta t}{4\eta_1}\left(S_{ij}^{N} + S_{ij}^{O}\right)\right] \tag{3.26}$$

$$\left.\begin{array}{l} A = 1 + \dfrac{G_1\Delta t}{2\eta_1} \\[3mm] B = 1 - \dfrac{G_1\Delta t}{2\eta_1} \end{array}\right\} \tag{3.27}$$

将式（3.24）和式（3.25）代入式（3.22），再利用式（3.26）和式（3.27），可得

$$S_{ij}^{K} = \frac{1}{A}\left[\Delta e_{ij} - \Delta\Delta e_{ij}^{P} + BS_{ij}^{O} - \left(\frac{B}{A} - 1\right)e_{ij}^{O}\right] \tag{3.28}$$

$$\left.\begin{array}{l} A = \dfrac{1}{2G_2} + \dfrac{\Delta t}{4}\left(\dfrac{1}{\eta_2} + \dfrac{1}{A\eta_1}\right) \\[3mm] B = \dfrac{1}{2G_2} - \dfrac{\Delta t}{4}\left(\dfrac{1}{\eta_2} + \dfrac{1}{A\eta_1}\right) \end{array}\right\} \tag{3.29}$$

式（3.29）可以写为

$$\sigma_0^{\mathrm{N}} = \sigma_0^{\mathrm{N}} + K\left(\Delta e_{\mathrm{vol}} - \Delta e_{\mathrm{vol}}^{\mathrm{P}}\right) \tag{3.30}$$

采用与式（3.30）相似的形式，在Kelvin体中新的应变球张量可表示为

$$e_{ij}^{\mathrm{K,\,N}} = \frac{1}{C}\left[Fe_0^{\mathrm{K,\,O}} + \frac{\Delta t}{6K}\left(\sigma_0^{\mathrm{N}} + \sigma_0^{\mathrm{O}}\right)\right] \tag{3.31}$$

$$\left.\begin{array}{l} C = 1 + \dfrac{K\Delta t}{2\eta_1} \\[2ex] F = 1 - \dfrac{K\Delta t}{2\eta_1} \end{array}\right\} \tag{3.32}$$

将摩尔库伦流动法则在塑性流动法则中加以应用，当屈服函数 $f < 0$ 时，将随着塑性应变增量而及时更新应力状态，综上可知，可用式（3.28）和（3.30）的形式将BNSS模型的 $\sigma - \varepsilon$ 关系表达出来，以便编写有限元程序。

通过分析可知，BNSS模型的蠕变损伤应变可由式（3.20）和式（3.21）得到。其中，屈服准则各关键参数在蠕变过程中遵循损伤演化，损伤本构关系见式（3.8）和式（3.9）。

▷ 3.6　软岩蠕变-大变形模型参数识别

为了识别Burgers模型中的参数，需要对实验所得弱层软岩分级加载蠕变曲线进行相应处理，获得不同轴压作用下单级蠕变曲线。基于非线性最小二乘法基本原理，采用Origin软件结合函数自定义方法，在Burgers模型中对弱层软岩蠕变试验结果进行参数反演识别。

3.6.1　软岩峰值前蠕变拟合参数

依据非线性最小二乘法拟合了软岩峰值前蠕变试验数据，形成不同

围压下转岩蠕变及拟合曲线，见图3.10。将其与插值实验曲线对比分析，可以确定非线性最小二乘法获得的拟合曲线精度更高、效果更好，拟合参数如表3.9所示。

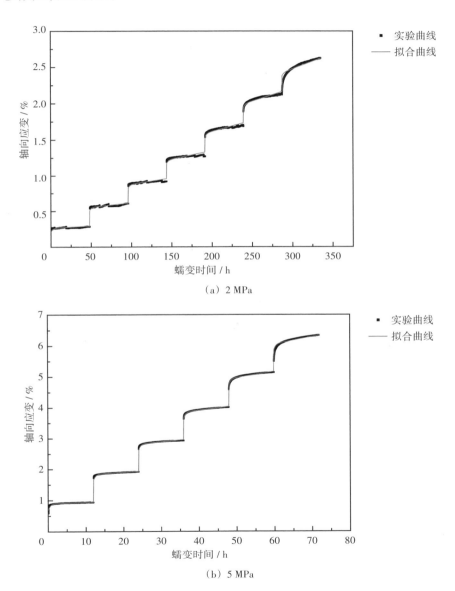

（a）2 MPa

（b）5 MPa

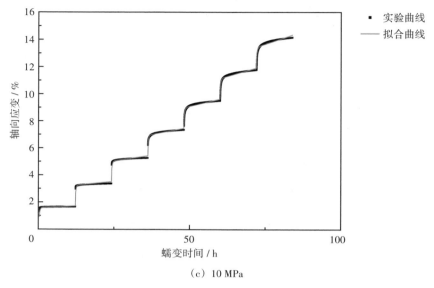

（c）10 MPa

图3.10 不同围压条件下软岩蠕变及拟合曲线

通过分析软岩的蠕变参数可知，软岩的蠕变特性与围压的作用密不可分，具有极大的相关性，围压增大，软岩的蠕应变量逐渐递增，通过将软岩的黏滞系数与围压的关系进行拟合分析，得到图3.11。

由图可知，围压增大，K体与M体的黏滞系数却随之逐渐减小，其中，围压对M体的影响最大，当围压达到3 MPa以上，K体与M体的黏滞系数受到围压的影响基本平稳，说明在实际工程中，应力释放较大的岩体黏滞系数要远大于围压内部的岩体。分别对K体与M体曲线进行指数拟合研究，得到随围压变化的K体指数方程为

$$y = 1.62079 \times 10^8 + 5.26426 \times 10^9 \times 0.3318^x \qquad (3.33)$$

得到M体随围压变化的指数方程为

$$y = 1.21703 \times 10^8 + 5.3946 \times 10^9 \times 0.10096^x \qquad (3.34)$$

表3.9 不同围压条件下软岩峰前蠕变拟合参数

序号	围压/MPa	模型参数	拟合参数	辨识结果
1		η_M	0.00302	3.32×10^8
2		E_M	0.17876	6.16×10^8
3	2	E_K	0.09318	9.14×10^8
4		η_K	1.792	1.91×10^9
5		η_M	5.92499×10^{-4}	1.64×10^9
6		E_M	0.21526	4.09×10^8
7	3	E_K	0.04576	7.32×10^9
8		η_K	0.41455	2.04×10^9
9		η_M	0.00412	2.43×10^8
10		E_M	0.19534	5.41×10^8
11	4	E_K	0.14251	6.54×10^8
12		η_K	2.04424	1.43×10^9
13		η_M	0.00391	2.56×10^8
14		E_M	0.69755	1.43×10^8
15	5	E_K	0.19672	5.08×10^8
16		η_K	1.82996	9.3×10^8
17		η_M	0.0106	9.43×10^7
18		E_M	0.85129	1.17×10^8
19	10	E_K	0.68422	1.46×10^8
20		η_K	3.79749	5.55×10^8
21		η_M	0.00272	3.68×10^8
22		E_M	0.72339	1.38×10^8
23	20	E_K	0.16725	5.98×10^8
24		η_K	1.16262	6.95×10^8

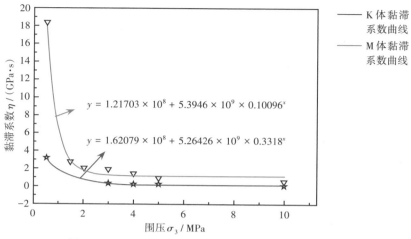

图3.11 不同围压条件下软岩峰前蠕变参数变化规律

3.6.2 软岩峰值后蠕变拟合参数

将软岩峰值后蠕变试验数据通过非线性最小二乘法进行拟合，图3.12为拟合结果。与插值实验曲线比较不难发现，非线性最小二乘法拟合所得曲线精度更高、拟合结果更好，拟合参数如表3.10所示。

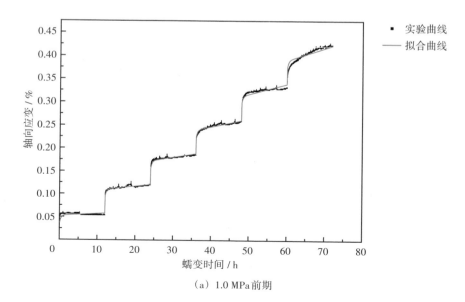

（a）1.0 MPa前期

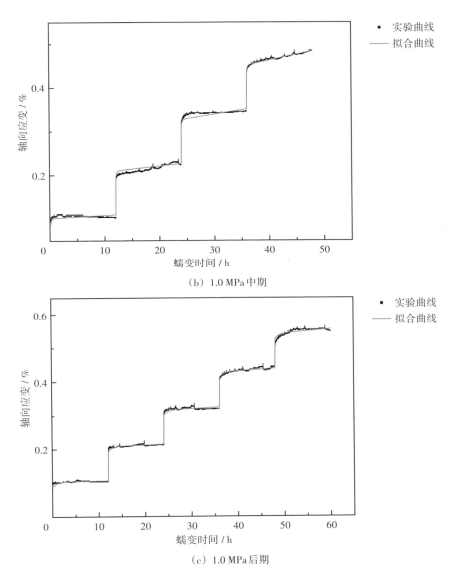

（b）1.0 MPa 中期

（c）1.0 MPa 后期

图3.12 不同围压条件下软岩峰后蠕变及拟合曲线

通过分析软岩的峰值后蠕变参数，发现同峰值前的规律类似，峰值后软岩的蠕变特性与围岩的相关性同样较大，即随着围压的增大，软岩的蠕应变量逐渐递增，通过将软岩的黏滞系数与围岩的关系进行拟合分析，可得图3.13。

由图3.13可知，随着围压的增大，K体与M体的黏滞系数随之减小，围压对 K 体的影响最大，而 M 体的黏滞系数受围压的影响较小，说明在实际工程中，随着边坡岩体的开挖，弱层软岩会由弹性阶段向塑性阶段转化，而进入塑性软化阶段后，软岩仍然具有蠕变特性。导致弱层结构强度持续弱化的主要原因是软岩特性发生了改变。分别对 K 体与 M 体曲线进行指数拟合研究，得到随围压变化的 K 体指数方程为

$$y = -4.10111 \times 10^9 + 4.48505 \times 10^{10} \times 0.9137^x \tag{3.35}$$

得到 M 体随围压变化的指数方程为

$$y = -7.66961 \times 10^9 + 1.18557 \times 10^{10} \times 0.98106^x \tag{3.36}$$

表3.10 不同围压条件下软岩峰后蠕变拟合参数

序号	围压/MPa	模型参数	拟合参数	辨识结果
1		η_M	4.34146×10^{-4}	2.30×10^9
2	1.0 前期	E_M	0.03576	2.80×10^9
3		E_K	0.01623	6.16×10^9
4		η_K	2.83044	1.74×10^{10}
5		η_M	6.75296×10^{-4}	1.48×10^9
6	1.0 中期	E_M	0.0863	1.16×10^9
7		E_K	0.01484	6.74×10^9
8		η_K	5.46075	3.68×10^{10}
9		η_M	2.4882×10^{-4}	4.02×10^9
10	1.0 后期	E_M	0.08762	1.14×10^9
11		E_K	0.01514	6.61×10^9
12		η_K	1.15158	7.61×10^9
13		η_M	4.47889×10^{-4}	2.23×10^9
14	1.5 前期	E_M	0.02674	3.74×10^9
15		E_K	0.01691	5.91×10^9
16		η_K	3.55727	2.10×10^{10}

表3.10（续）

序号	围压/MPa	模型参数	拟合参数	辨识结果
17	1.5中期	η_M	5.30059×10^{-4}	1.89×10^9
18		E_M	0.07208	1.39×10^9
19		E_K	0.02374	4.21×10^9
20		η_K	2.58848	1.09×10^{10}
21	1.5后期	η_M	3.68158×10^{-4}	2.72×10^9
22		E_M	0.04336	2.31×10^9
23		E_K	0.01142	8.76×10^9
24		η_K	2.62098	2.30×10^{10}

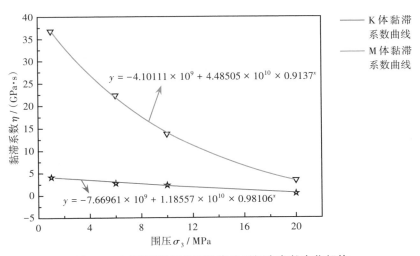

图3.13 不同围压条件下软岩峰后蠕变参数变化规律

▷ 3.7 数值模型验证分析

将岩石三轴压缩试验问题通过数值模拟方法实现，建立软岩三轴蠕变试验数值元模型，尺寸为50 mm × 100 mm，划分为3000个单元，如图3.14所示。边界条件包括：约束底部y方向的位移，围压σ_3平行分布于模型两端，向边界 y 方向顶端施加恒定荷载 P。

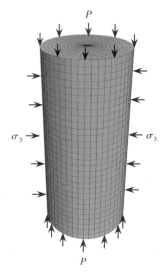

图3.14 软岩三轴蠕变试验数值模型

本节通过FISH语言在FLAC³ᴰ的M–C及Burgers蠕变模型基础上开发BNSS模型，其中，计算参数及加载方式与实验方案中一致。将实验结果和数值模拟结果进行比较分析后，验证了数值模型的可靠性。结果对比分析如图3.15所示。

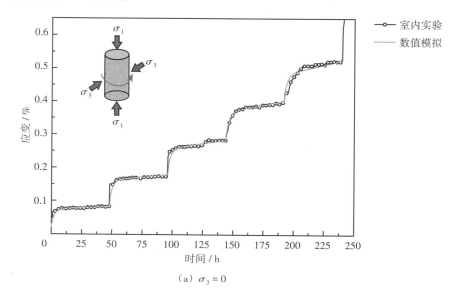

（a）$\sigma_3 = 0$

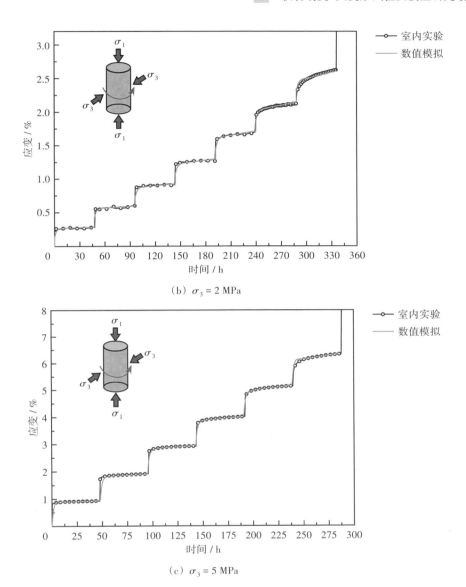

（b）$\sigma_3 = 2$ MPa

（c）$\sigma_3 = 5$ MPa

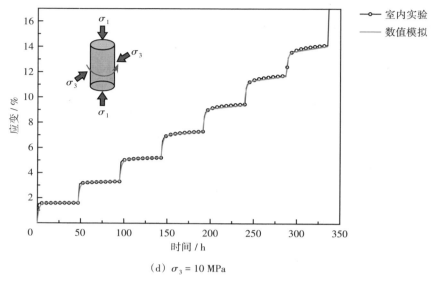

（d）$\sigma_3 = 10$ MPa

图 3.15　不同围压条件下软岩蠕变曲线与数值计算曲线

通过对比分析可知，本节提出的 BNSS 模型计算结果与实验结果基本吻合，即当应力达到岩石屈服强度后，模型进入加速蠕变阶段，这与实际情况也十分吻合。

4 蠕变-大变形高陡边坡破坏机理研究

岩体结构、物理力学特性、开挖面几何特征及施工方式等均影响着边坡变形破坏模式。通过已有变形破坏现象调查结果、南帮边坡岩体结构特征、边坡变形监测数据的分析，综合确定了南帮大变形滑坡体的变形破坏模式，采用数值模拟方式对南帮大变形边坡变形机理进行了验证分析，为下一步边坡稳定性评价及防治措施的提出提供依据。

▶ 4.1 蠕变-大变形边坡岩性及过往滑坡灾害调研

通过充分调研、总结、分析抚顺西露天矿南帮大变形边坡工程地质和水文地质情况[130-135]，分析以往滑坡成因，研究并总结边坡失稳破坏与岩体结构条件的内在联系，把握基本规律，形成规律性认识，为当前及下一步边坡治理工作奠定基础并指明方向。

4.1.1 南帮边坡岩性特征

抚顺矿区的火山活动最早出现在白垩纪。白垩纪以后，又有几次间歇性的活动，在火山活动的间歇期间有煤系沉积，形成了老第三系的凝灰岩、玄武岩和下部第二含煤系（B煤层）。在最后一次玄武岩喷出之后结束了老第三系。随后在老第三系的玄武岩床上开始了新第三系底部的下部第一含煤系（A煤层）的沉积，之后大量出现的火山灰沉积，变成了凝灰岩、砂岩系。矿区的主要含煤系沉积在凝灰岩、砂岩系上面，在主要含煤系的泥质砂质沉积和凝灰岩系火山灰沉积之间，一般都有较清晰的间断，但在局部地区可见大量的白色凝灰质赋存于含煤系底部的炭质页岩中。

在凝灰岩层中，可以看见发育不明显的层理，常含大量炭质物和呈水平排列的树木化石，整个凝灰岩系的颗粒组成从上至下有较明显的分选性，这说明新第三系的凝灰岩是火山喷出活动消失后，经由再次搬运的火山喷发物沉积而成。

绝大部分地区凝灰岩系上面直接覆盖有主要含煤系，凝灰岩随着煤层被采掘而局部或全部在非工作帮上被揭露出。露天矿边坡在软质凝灰岩较发育的局部地段上发生过滑坡，但并没有向 F_2 断层以下发展。在1959年和1960年，将下部煤壁采薄后，凝灰岩从19道（–90 m）将煤壁推垮，一直滑落到坑底，在 W1000 附近形成较厚的煤壁而未发生滑落。南帮 EW0～W800 主要由浅灰至浅绿色软质凝灰岩和黑绿色凝灰岩构成，在这一区间内，凝灰岩异常发育，W500 剖面最大厚度达到 80 m，其中，上部的浅绿色凝灰岩厚达 60 m。该区域内发生过多起沿凝灰岩滑坡的现象。

非工作帮上出露的或从勘探钻孔中所见的玄武岩以黑色至黑绿色细粒到粗粒的玄武岩为主，在玄武岩层的上部，经常可见不规则分布的杏仁状玄武岩。玄武岩除风化露头外，一般强度都很高，但由于节理发育，可能局部被削弱。总体而言，玄武岩具有强度高、抗风化能力强等特点，节理裂隙较为发育。

通过对1964年南机电滑坡原因的总结分析，A、B煤层也是西露天矿南帮大变形边坡稳定研究中必须考虑的研究对象。近几年的钻孔资料显示，煤、凝灰岩、炭质泥岩等软岩均赋存于玄武岩夹煤层部位中。在对边坡进行稳定性分析时，应将凝灰岩和A、B煤层层理面当作潜在滑动面。

4.1.2 滑坡灾害调查

（1）南崩岩（E300～W1200）区滑坡

E300～W1200 是西露天矿发生滑坡灾害的集中区域。

东大卷滑坡：1959年滑落的范围较大，由17段（标高 -65 m）到21段（标高 -100 m），上下台阶高差约35 m。岩层倾向 NE30°，走向为东偏南。滑动的岩层厚度10~12 m。煤柱开始发生变形的时间是1959年3月。在17段与18段之间煤柱出现明显裂隙，之后无显著变化，一直到雨季来临才使滑动加速发展。17段到19段这三个段的运输线都被破坏。1960年7月31日，暴雨后在东大卷偏西 W50~E250 内发生了大规模滑动。滑坡体从标高 -34~-74 m 沿本层煤下部的浅灰色页岩夹层顺层滑落。1960年9月24日发生的滑坡影响20段平盘，总滑落量为40万 m³。滑坡原因是下部大镐采煤在坑底拉沟，将岩层切断而造成沿浅灰色页岩的顺层滑坡。

W500滑坡：范围为 W300~W500、S125~N60，标高为 -22~-90 m。

1960年9月28日，在12、13、14道平盘上出现4条显著的裂隙，最大宽度达900 mm，裂缝落差330 mm。当时，裂隙下部9号镐在17道采掘，2号镐在19道采掘。经过一个月缓慢发展，于11月17日全部滑下。W325的17道长达70 m的煤壁被推垮，并掩埋了19道平盘。滑落体主要是软质灰白色凝灰岩和一部分煤层，滑面倾角25°，与岩层倾角一致，滑坡向西南方向有很大扩展，滑落规模持续扩大。滑落的原因是软质凝灰岩力学强度低，当2号断层以下煤壁采薄到5 m，支撑不住上部软质凝灰岩的压力而产生滑坡，滑落量44万 m³。

以上典型滑坡实例表明该区构造变动对边坡稳定十分不利，主要表现为以下两种形式：将岩层切断，使岩层在开采过程中由于失去下部的支持力而趋于滑落；具有南北倾向的横断层通常会演化为滑坡体的东西边界。

（2）大镜面（E300~E1600）区滑坡

1955年东下盘爆炸与滑坡事故：范围为 E1000~E1050，标高为 +85~-27 m。

1949年解放前夕大镜面区由于着火而停采。但火区始终未被彻底消灭，解放初期直至发生事故时，此处一直是一片老火区，火区边坡上部是原刘山河旧道。1955年12月30日，该区露天坑降深后，残留在南帮上部的下盘煤（即第六分层）曾用井工方法回采。滑坡是由于刘山河冲积层水积聚在滑坡上方，滑坡即将发生时，水流通路形成，积水大量流入火区，坡脚火区因迅速产生大量水蒸气而发生爆炸，从而加速边坡上部岩体（底板页岩与凝灰岩）滑落。

1971年东下盘第二次滑坡与爆炸事故：范围为E1240～E1380，+73～−85 m。

1971年7月1日发生的这次事故，情况与1955年12月发生的事故很相似，也是滑坡同时发生爆炸。爆炸产生的热浪曾将当时在滑坡下方西侧17号电铲休息室内的工人烧伤，与1955年不同的是，这次事件发生在7月份，正值雨季来临。因此，推测这次滑坡爆炸的发生可能是由于雨水大量注入火区造成的。

引起这两次事故的根本原因都是南帮残留的六分层煤着火。南帮在露天坑降深过程中，不能同时将下盘煤采净，由于此处岩层倾角陡，下段采煤若不注意防止上段平盘切层，则很容易使上段平盘滑落，从而逐渐形成大镜面。

1976年风化玄武岩片帮与吊车翻车事故：范围为E500，标高+90 m。

滑落体是黄色强风化玄武岩，主要滑面是一个走向近东西、倾角45°N的节理。东侧和西侧分别为两条走向NE30°、倾向北西和走向NW60°、倾向北东的节理面。因此，这是由三个节理面组合而成的楔体滑块，岩体早在同年6月沿着斜面裂开，至同年7月，检修列车通过时滑落而造成蒸汽机吊车翻车事故。

1980年南帮E900滑坡：范围为E800～E900，标高+106～+82 m。

滑动面是北侧的节理面，从滑坡上界+106 m附近实测倾角为35°～53°。滑坡发生原因是402#电铲在+80 m水平破断原岩，切断了节理面，从而造成+106 m平盘滑落。滑落区东西宽约100 m，此处附近风化玄武岩的短期安息角约为35°（形成时间不到5年）。因此，从长期安全考虑，此处的段坡脚不宜超过30°。

以上风化玄武岩滑坡是已经造成生产损害的实例。实际上由于这类节理面的存在，采掘后出现片帮是常见的，比如在E400附近，一个走向近东西、倾角约38°的节理，延续出露长约200 m，+80 m水平的平盘段肩三角体，几乎全部沿此面滑落。这类节理面的存在显然是边坡稳定的严重威胁。

》 4.2 蠕变-大变形边坡破坏失稳模式

通过对我国露天矿赋存软硬互层层状边坡的变形破坏规律进行分析[136-141]，通常将控制该类型边坡稳定性的因素划分如下：受基底软弱层组控制的边坡失稳破坏；受岩性控制的边坡变形失稳；受多弱层或结构面组合控制的软硬互层层组边坡变形失稳。

根据前期对西露天矿南帮边坡岩体结构面的现场调查、物探、已经建立的边坡工程地质简化模型及过往滑坡灾害调查的综合分析，可知：抚顺西露天矿南帮大变形边坡归属于受多弱层或结构面组合控制的软硬互层层组边坡，同时，边坡中下部还赋存一系列小断层构造。因此，大变形边坡还受玄武岩内不同破碎带及软质凝灰岩等夹层、玄武岩与花岗片麻岩不整合接触面、南北向 F_5 断层、坡体强风化破碎带及中下部的层状碎裂体控制。

因为西露天矿南帮边坡主要以玄武岩等硬岩为主，同时存在多层软弱夹层，所以该边坡在发生变形破坏时呈现"拉裂—滑移—剪断"三段式特征。这三个阶段的变形破坏机制具体表现如下。

受边坡整体卸荷回弹的影响，南帮大变形边坡顶部（即后缘）出现了明显的拉应力集中区域，此时，软岩 BNSS 模型中应变 S-S 塑性元件出现塑性应变集中，当该应变累积到一定程度时将出现损伤破坏，具体表现为坡体顶部的拉张破坏。

大变形边坡受自重及降雨等外部荷载作用，岩石强度持续急速降低，软岩黏塑性变形高度发展，大变形滑坡发生长期的蠕变效应，坡体前缘沿结构面形成蠕滑段，如果岩石发生大规模塑性流动，将在极短时间内发生塑性损伤，并将随软岩层赋存层位不断扩展发育，较短时间内发生软岩破裂扩容，宏观显示为滑坡体后缘出现张拉破坏向下扩展的趋势而形成拉裂段。在前缘蠕滑段和后缘拉裂段之间，完整的岩体将变成控制大变形边坡整体稳定性的"锁固段"。

累进破坏阶段。当后缘张拉破坏累进至一定阈值时（损伤达到极限时），边坡将进入累进性破坏阶段，致使"锁固段"的应力不断累积。最终，当"锁固段"阻滑力不足以支撑下滑力时，"锁固段"发生剪切破坏，此时边坡呈现突发脆性破坏，能量突然释放，发生高速滑坡现象。

综上，西露天矿南帮大变形边坡的变形破坏模式为多弱层或结构面控制作用下沿顺倾弱层发生的"坐落–滑移式"失稳破坏。通过分析边坡稳定雷达和人工监测数据，南帮大变形边坡仍处于稳定蠕滑阶段，此时应采取合理、有效的防治措施。

▶ 4.3 蠕变–大变形边坡破坏机理模拟验证

抚顺西露天矿南帮边坡属于顺倾互层边坡，其中，赋存多个软硬交错互层，边坡主要岩层为玄武岩和片麻岩，两者之间的接触关系为不整合、不连续接触，边坡上部浅层玄武岩中连续赋存多个凝灰岩及B层煤软岩夹层。为验证西露天矿南帮大变形边坡在多弱层控制下的变形破坏机理，采用强度折减法（折减系数为0.01）进行模拟研究，建立的模型尺寸为 $1650\ \mathrm{m} \times 820\ \mathrm{m}$，采用RFPA有限元分析软件模拟研究了南帮大变形边坡潜在滑移面的位置，最终为下一步边坡稳定性计算和防治措施的选取提供理论支撑。南帮大变形边坡岩体物理力学强度推荐指标如表4.1所示。

本次模拟考虑了三种工况：工况一，对现状条件下的边坡破坏过程进行数值模拟；工况二，对开采到最终设计界线时的边坡进行数值模拟；工况三，对内排标高至 -312，$-212\ \mathrm{m}$ 时的边坡进行数值模拟。

表4.1 不同岩层的岩体强度参数表

岩性	抗压强度 σ_c / MPa	黏聚力 c / kPa	内摩擦角 φ /（°）	弹性模量 E / MPa	密度/ $(\mathrm{g \cdot cm^{-3}})$	长期强度与原强度比值	折减系数
玄武岩岩体	130	900	42	7000	2.8	0.7	0.01
破碎带	2.5	300	26	2000	1.2	0.2	0.01
不整合面	0.2	450	30	2500	2	0.2	0.01

4.3.1 工况一：底部开挖至现边坡轮廓时的模拟情况

边坡地质模型如图4.1所示（RFPA二维模型）。通过数值模拟可以得到，当边坡开采至现状条件时，南帮大变形边坡首先在顶部出现拉张破坏（如图4.2、图4.3所示），之后边坡分别沿三个不整合滑动面出现错层滑移（不整合滑动面主要有炭质破碎带、花岗片麻岩及玄武岩，如图4.2~图4.4所示）。大变形边坡上部层位出现急剧错动，下部深埋的不整合面被抑制滑动，浅部中段弱层发生最为剧烈的错层滑动，并趋于与矿坑底部贯通。发生滑坡时应力场出现明显集中和释放现象（如图4.5~图4.8所示），应力高度集中区域最早发生破坏，随后向整个滑坡体扩展延伸（如图4.8所示）。

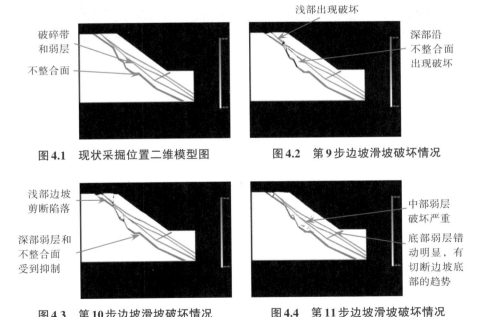

图4.1 现状采掘位置二维模型图   图4.2 第9步边坡滑坡破坏情况

图4.3 第10步边坡滑坡破坏情况   图4.4 第11步边坡滑坡破坏情况

通过上述分析可知，大变形边坡最早在顶部出现滑移，之后沿着不整合接触面自上而下延伸。另外，由于破碎带的延伸扩展（如图4.4所示），−250 m及以下标高范围的弱层影响范围增大，边坡整体由沿不整合面转向沿弱层发生滑移（如图4.3所示），最终发生整体贯通的滑移破坏（如图4.8所示）。

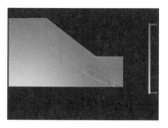

图4.5　未折减时边坡应力分布情况

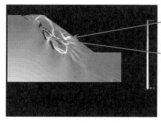

高应力区
范围

中部变形
严重地区

图4.6　折减9步时边坡应力场情况

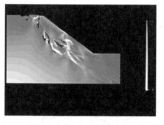

图4.7　折减10步时边坡应力场情况

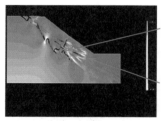

应力场及
滑坡范围

底部弱层
错动明显，
有切断坑底
的趋势

图4.8　折减11步时边坡应力场情况

4.3.2　工况二：开挖至最终境界时的模拟情况

边坡地质模型如图4.9所示（RFPA二维模型）。通过数值模拟可以得到，工况二条件下，边坡裂缝仍最先出现在中上部破碎带密集区（如图4.10所示），并沿着地表弱层发生陷落和剪断破坏，在边坡下部沿着三个不整合接触面持续扩展（如图4.11、图4.12所示）。在矿坑坡脚处，深部不整合面和弱层滑移明显被抑制，整体滑坡破坏模式呈现由深部向浅部转移的趋势，边坡整体由沿不整合面向沿弱层转移而发生剪切破坏（如图4.13所示）。在坑底部沿着浅部弱层发生最为剧烈的剪断滑移，进而发生贯通坑底的剧烈滑坡（如图4.14～图4.16所示）。

通过与工况一的对比分析，可知当开采至最终设计境界时，边坡整体移动范围会出现较大幅度的增加，大变形滑坡体中上部的滑移模式趋于相同，受开挖作用影响，大变形体底部弱层将发生急剧错动并与浅部弱层贯通，致使露天矿边坡发生沿该组合弱层的整体滑坡现象。

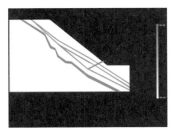
图4.9　最终界限时二维边坡模型

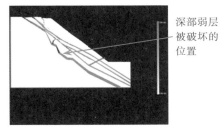
深部弱层被破坏的位置

图4.10　第5步边坡滑坡破坏情况

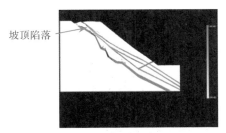
坡顶陷落

图4.11　第6步边坡滑坡破坏情况

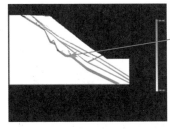
发生滑坡现象，在此处深部弱层受抑制，浅部弱层运动剧烈

图4.12　第7步边坡滑坡破坏情况

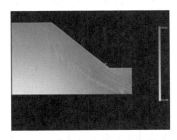
图4.13　未折减时边坡应力分布情况

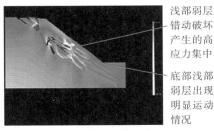
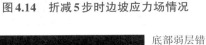
浅部弱层错动破坏产生的高应力集中

底部浅部弱层出现明显运动情况

图4.14　折减5步时边坡应力场情况

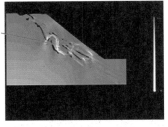
中部不整合面处出现的高应力集中区

图4.15　折减6步时边坡应力场情况

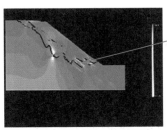
底部弱层错动剧烈，沿着浅部弱层剪断坑底

图4.16　折减7步时边坡应力场情况

4.3.3 工况三：底部内排压脚后的模拟情况

边坡地质模型如图4.17所示（RFPA二维模型）。通过计算可知，当内排排弃至−312 m标高时，随着强度折减，坡体上部变形与工况一和工况二相似，但中下部受内排土的影响，破坏情况有所区别（如图4.18 ~ 图4.22所示）。当内排排弃到−312 m标高时，大变形边坡坡底浅部弱层被抑制，但弱层运动仍然剧烈，并在坡底处形成应力集中（如图4.23所示）。应当指出的是，此时浅部弱层无法形成贯通，大变形边坡未发生沿弱层的整体滑坡（如图4.24所示）。

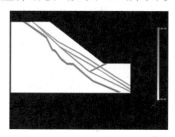

图4.17　排弃土−312 m时边坡模型

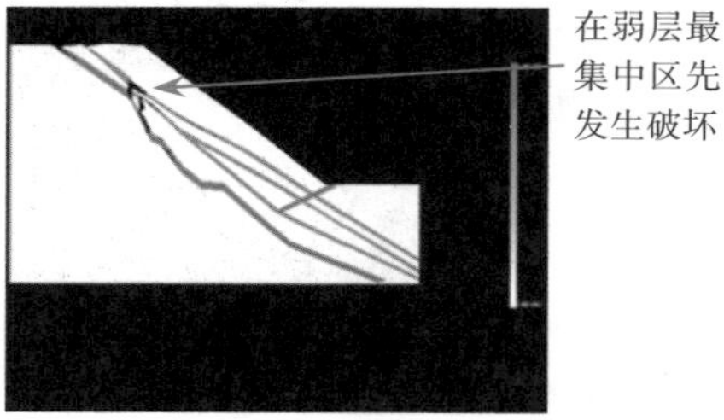

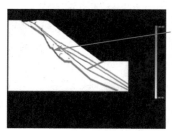

在弱层最集中区先发生破坏

图4.18　第8步边坡滑坡破坏情况

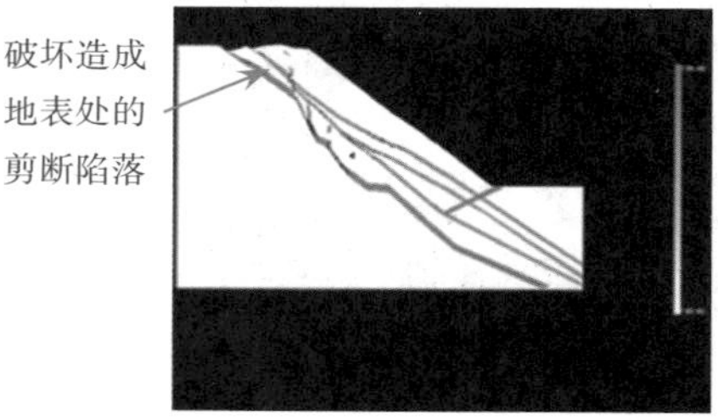

破坏造成地表处的剪断陷落

图4.19　第9步边坡滑坡破坏情况

边坡中上部的滑移轮廓

图4.20　第10步边坡滑坡破坏情况

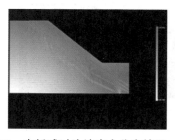

图4.21　未折减时边坡应力分布情况

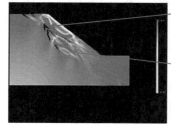

弱层集中区造成的破坏

深部弱层滑动受到抑制

图4.22　折减8步时边坡应力场情况

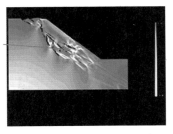

边坡浅部
弱层造成
的高应力
集中

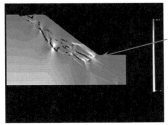

因内排土
的影响，
浅部弱层
虽运动剧
烈，但并
未贯通坑
底

图4.23　折减9步时边坡应力场情况　　**图4.24　折减10步时边坡应力场情况**

当内排排弃至 –212 m 标高时（如图4.25所示），模拟结果表明：–212 m 标高以下的弱层已经基本被排弃土覆盖（如图4.26、图4.27所示），由下部弱层的剧烈运动造成的高应力释放得到较好的抑制（如图4.28 ~ 图4.30所示）。但是，因为边坡弱层一直在剧烈运动，而且在运动过程中伴随着应力释放，释放的应力自动寻找其他软弱区域的新的应力集中点来释放应力，造成边坡的破坏（如图4.31、图4.32所示）。从分析结果可知，深部不整合面和弱层随着排弃物的回填被抑制了滑动，但浅部弱层基本不受抑制而发生新的破坏，大变形边坡将沿着浅部弱层发生贯通滑移。

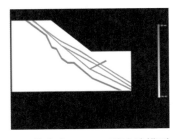

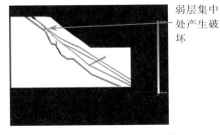

弱层集中
处产生破
坏

图4.25　排弃土 –212 m 时边坡模型　　**图4.26　第15步边坡滑坡破坏情况**

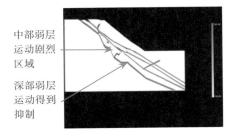

中部弱层
运动剧烈
区域

深部弱层
运动得到
抑制

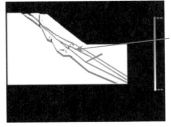

在中部垂
直弱层形
成新的贯
通破裂

图4.27　第16步边坡滑坡破坏情况　　**图4.28　第17步边坡滑坡破坏情况**

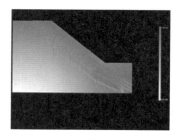

图 4.29　未折减时边坡应力分布情况

浅部弱层
剧烈运动
造成的高
应力集中

图 4.30　折减 15 步时边坡应力场情况

新的破坏
面形成后
造成的应
力分布情
况

图 4.31　折减 16 步时边坡应力场情况

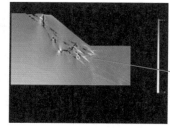

下部弱层
仍有相当
程度的运
动

图 4.32　折减 17 步时边坡应力场情况

5 蠕变-大变形高陡边坡滑体边界多元判定关键技术

▶5.1 边界判定方法的选取

对于变形区面积达 2.9 km², 且深度达到 400 m 的高陡边坡, 滑体边界的确定直接决定了下一步防治手段的选取。坑口油厂装置区位于西露天矿南帮大变形主滑体西南侧边缘区域, 任何的滑体微小变形均会影响坑口油厂建筑物整体结构的安全性和稳定性, 故而除了确定该滑体的后缘、前缘及滑面外, 还需确定滑体西侧地表裂缝的分布和深部边界形态(如图 5.1 所示)。

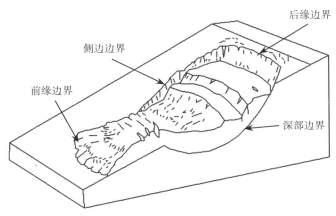

图 5.1　滑坡体边界示意图

露天矿边坡发生滑坡灾害时, 滑体边界的宏观显示体现为后缘发生张拉破坏产生裂缝、前缘岩层受挤压变形产生挤压裂缝或鼓胀、深部沿软弱结构面或弱层发生贯通滑移（如图5.1所示），因而有必要通过合理的监测方法确定滑坡体的各个边界，为后续治理措施的选取提供技术支撑。尤其应指出的是，抚顺西露天矿南帮大变形滑体量约1亿 m^3，滑体影响范围较大，在百年间的开采过程中，露天矿边坡坡体表面及影响区域已经覆盖较为茂密的植被，局部边坡已经形成高陡台阶，使得在确定滑体边界时，常规监测手段无法得到有效、合理的应用，而且任何单一的监测手段均无法获得大变形滑坡体的所有边界，故而有必要采用多元监测技术综合确定滑体各区边界（如图5.2所示）。

西露天矿大变形滑体西侧地表裂缝边界的确定，采用InSAR干涉雷达测量技术。该技术可进行全天候的点、线、面监测，具有短且快、监测范围大及亚毫米级精度的优点，同时成本投入较低，所以在确定大变形体西侧靠近坑口油厂区域的地表裂缝时具有较好的适用性。

SSR边坡稳定雷达具有监测距离远、精度高（亚毫米级）、坡体覆盖面广及实时性的优点，可清晰地界定整个西露天矿南帮大变形体所有单元的变形情况，极其适用于区分边坡体是否发生变形，故采用SSR边坡稳定雷达界定南帮大变形滑体的两侧边界。

南帮大变形体西南侧边界附近为坑口油厂，坑口油厂安全与否直接影响抚顺东、西两个露天矿的页岩油产业，在实际的生产过程中不允许坑口油厂建（构）筑物出现变形或损坏。南帮大变形滑体出现以来，坑口油厂装置区随之发生了较大变形，直接影响到建（构）筑物的安全，后期必须采取相应手段进行治理和恢复。而在进行治理和恢复之前，应确定影响该区域的大变形滑体的深部形态，进而选取适合现场需求的加固措施。结合微震技术，利用声波传播速度或振幅的衰减规律来判定岩石边界的优点，选取该技术进行西露天矿大变形滑坡体西南部边界的界定。

在对滑坡体工程勘察钻孔施工的过程中，受人为条件、地质条件、钻具误差等因素的影响，技术人员在进行岩芯描述、地质编录或柱状图绘制过程中，无法精准地定位滑坡体深部弱层位置。钻孔影像技术通过视频或图片的方式，可以精准判定并分析不同深度的岩性、节理裂隙走向和倾角、破碎带位置，进而定位滑坡体深部弱层形态的分布规律。故采用钻孔影像技术分析和界定西露天矿南帮大变形边坡的深部形体。

西露天南帮大变形滑坡体覆盖范围大，在高陡边坡形成多个高段台阶，既不易于常规监测设备的布设也不利于确保人工巡查技术人员的安全，此外，采用常规点式测量方式还存在人力物力投入大、监测周期长、对南北向变形不敏感等缺陷。采用 D-InSAR 与 MAI 矿区遥感监测技术相结合的方法，既弥补了常规点式测量的缺陷，又克服了传统监测手段对大变形体南北向变形不敏感的缺点，故加以采纳和实施。

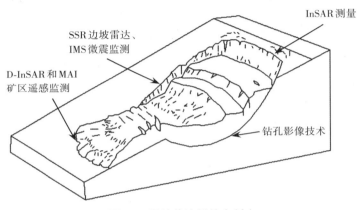

图5.2 滑坡体边界综合判定

▶ 5.2 滑体地表裂缝形态的确定

5.2.1 InSAR 干涉雷达测量技术

通过对西露天矿南帮西侧地表现场踏勘可以看到许多裂缝，但是地表主裂缝形态仍需要通过多手段协同分析，才可以确定出它的最终形态。

采取 InSAR 干涉雷达测量技术进行地表主裂缝的测定。测定方法如下：

选取两张不同时期的矿坑卫星图片（本次选取时间分别为 2013 年 4月和 2014 年 3月），调整其中一张图片的透明度，将调整后的照片叠加并进行局部放大；

寻找两张照片上的同名物位置，确定出局部放大图片中同名物移动和未移动的边界点，并进行标记，将这些边界点连接起来即可以视为南帮滑体西侧的地表裂缝形态。

通过InSAR干涉雷达测量技术确定的西露天矿南帮大变形滑坡体西侧地表裂缝形态如图5.3所示，图5.4～图5.11所示为两张卫星图片叠加并进行局部放大后确定的各边界点位置。

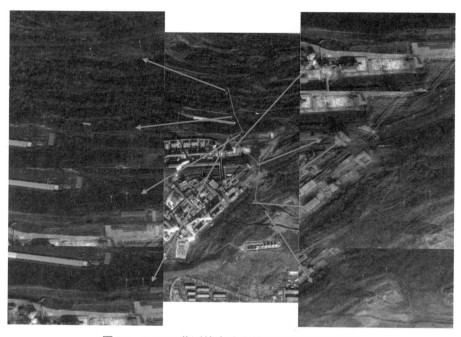

图5.3　InSAR监测技术确定的西侧地表裂缝形态

图5.4　InSAR监测技术确定的
1号边界点

图5.5　InSAR监测技术确定的
2号边界点

图5.6　InSAR 监测技术确定的
3号边界点

图5.7　InSAR 监测技术确定的
4号边界点

图5.8　InSAR 监测技术确定的
5号边界点

图5.9　InSAR 监测技术确定的
6号边界点

图5.10　InSAR 监测技术确定的
7号边界点

图5.11　InSAR 监测技术确定的
8号边界点

5.2.2　SSR边坡稳定雷达监测技术

将高频电磁能量（无线电波）发送到研究对象处，之后再接收从研究对象处反馈的电波，这就是SSR边坡稳定雷达的基本工作原理。研究对象的所有信息都将显示在反馈回的电波中。对于露天矿边坡数据的采集，将通过自上而下或自下而上的扫描方式反复作用于边坡体上。现场工程人员通过分析，直接地或间接地得到扫描数据，并将每两次扫描位移量的变化作为研究目标进行分析。

　　SSR边坡稳定雷达于2013年3月28日投入使用，同年4月5日移至26段，开始对整个南帮边坡进行实时、动态监测。图5.12、图5.13分别是南帮大变形边坡东、西两侧累计位移云图，图中像素点的颜色越深，表明该处位移越大，白色区域位移为0。

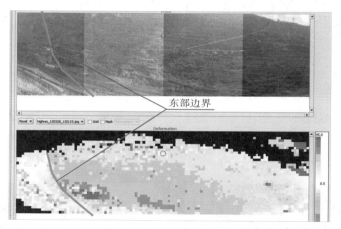

图5.12　SSR边坡稳定雷达确定的主滑体东侧边界累计位移

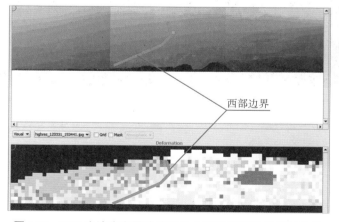

图5.13　SSR边坡稳定雷达确定的主滑体西侧边界累计位移

监测结果显示，东侧像素点颜色突变位置与F_5断层出露位置相吻合，F_5断层以东基本无变形，表明南帮变形区东部边界为F_5断层；西侧像素点颜色变浅区域在坑口油厂东侧（W600附近），表示图中黄色区域为变形区主滑体的西侧边界。随着南帮大变形边坡变形的进一步发展，主滑体东西两侧边界裂缝日益显现。通过对比分析，实际的裂缝位置与边坡稳定雷达获得的监测结果一致。

》 5.3　滑体深部形态的确定

5.3.1　IMS微震监测技术

5.3.1.1　微震监测系统简介

南非生产的IMS微震监测系统在项目开展过程中得到了应用，该系统包含地震监测和控制系统两个部分，可通过视窗或Linux操作系统运行，具备可视化操作功能。该系统的主要优势体现在高分辨率、数字化和智能化三个方面，可实现对地震信息的在线处理和分析。另外，IMS微震监测系统还可以在常规非地震岩土工程中加以应用。报警模式为：当采集回的信号或关键参数超过设定目标值时，系统自动发出报警，进而自动控制和（或）停机。

该系统的三个主要硬件部分为数据采集器、数据通信系统和传感器。数据采集器将通过传感器采集到的模拟电子信号转换为数字格式，数据可通过连续记录采集，也可以通过初始设定变更为触发模式。数据通信系统主要采用特殊的计算方法判定是否记录微震数据，并将微震数据实时传输、存储到中央计算机或本地磁盘，数据通信系统可以根据现场实际情况采用多种通信方式。传感器则将监测到的速度或加速度等参数自动转换成可量化的电子信号，并实现非地震传感的自主识别。

5.3.1.2　传感器布设位置的确定

为精确判定露天矿南帮大变形边坡主滑体西侧边界的分布形态，在充分进行现场调研的基础上，在裂缝两侧合计布设了6个传感器，各传感器均安装在施工完成的垂直钻孔中，以确保监测数据的可靠性。钻孔的现场布置见图5.14。

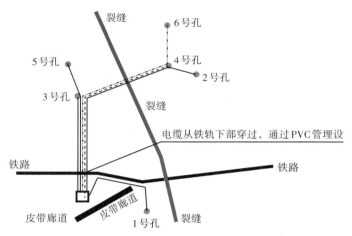

图5.14　微震钻孔及电缆布置方式示意图

5.3.1.3　岩体微震波速测试

对各钻孔中岩体开展波速测试，以保证微震测试系统对微震事件定位的精准性，确保数据无误。超声波谱测试技术的实质是利用声波传播速度或振幅的衰减规律得到所需数据，本次波速测试就利用了该技术。经过分析获得的岩石声波信号，可提取出反映岩石结构波速的信息。

（1）主要仪器设备

智能声波检测仪（型号为RSM-SY7）、传输数据线（长度可以根据实际需求而定）、一发双收换能器、供水水泵和水箱。

（2）测试方法

在西露天矿南帮大变形体出现的大裂缝东西两侧，分别布置三个监测孔，并布设相应的传感器以确定边界形态。现场实际施工过程中，受地质条件限制，只测试了6号钻孔的波速。测试方法为：将一发双收换能器置入已经打好的钻孔中，并记下钻孔孔深，之后从孔底自下而上每隔0.5 m测试一次波速，然后将得到的不同深度波速值绘制成波速剖面，综合计算出纵波平均波速，为下一步研究提供所需数据支撑。

（3）监测结果

图5.15为孔深与微震波速关系图。由图5.15可知，当钻孔孔深在13.3 m以上时，微震反馈回的波速较大（4348 m/s）；当钻孔孔深在7.3～13.3 m之间时，反馈回的波速相对较小（2114 m/s），由于在6.8 m以上钻孔中发生漏水，因此不予展现。由于南帮大滑体持续变形，在现场施工过程中，传感器仅下至13.8 m。经过对钻探勘察所得岩心的编录情况与微震所测波形进行对比分析，可以认为通过微震测得的波速值较为合理。将微震反馈回的纵波波速进行平均取值后作为本钻孔围岩的纵波波速值。通过计算，纵波波速V_p的平均值为2288.12 m/s，通过经验换算公式（5.1）对纵波波速V_p和横波波速V_s进行换算，得出该钻孔围压的横波波速值为1321.09 m/s。上述横、纵波速取值可为下一步系统的调试提供坚实的数据支撑。

$$V_s = V_p / \sqrt{3} \tag{5.1}$$

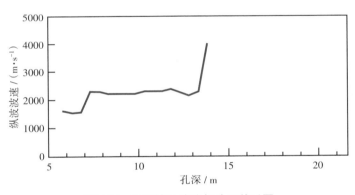

图5.15 微震钻孔波速与孔深关系图

5.3.1.4 基于微震监测技术的南帮主滑体西部边界形态

在上述微震波速分析的结果中，对已经建立的三维地质模型切割并获取剖面，即可获得西露天矿南帮大变形边坡主滑体西部边界的地下形态。

（1）微震监测结果的三维显示

图5.16为西露天矿南帮大变形边坡西部边界微震事件的三维定位分布形态，图中不同颜色球形点表示微震定位事件。

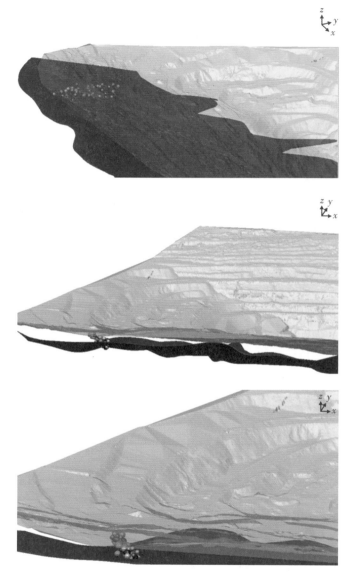

图5.16 抚顺西露天矿南帮微震监测结果

（2）西部边界具体形态的判定

如图5.17所示，黄色层位代表地表，蓝色层位代表弱层。为更好地确定坑口油厂装置区附近的主滑体形态，沿S450～S750剖面线每隔50 m进行一次剖面切割，进而获得南帮大变形边坡地表和弱层的详细剖面图。

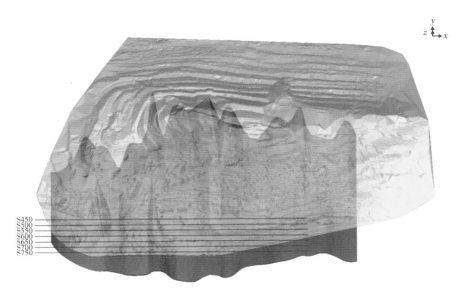

图5.17 三维模型S450～S750剖面线的划分

　　选取每条剖面线前后间距20 m范围内确定的微震事件，并分别将它们在S450～S750的各剖面进行投影，进而根据微震事件的空间形态对各剖面主滑体西部边界方位做出判断（图中粉红色线所示），在此基础上对南帮大变形主滑体西部边界的空间形态做进一步确定，如图5.18～图5.24所示。

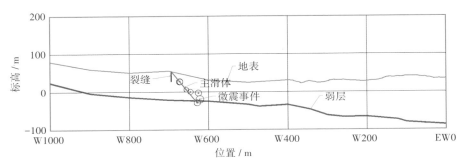

图5.18 S450剖面边界位置

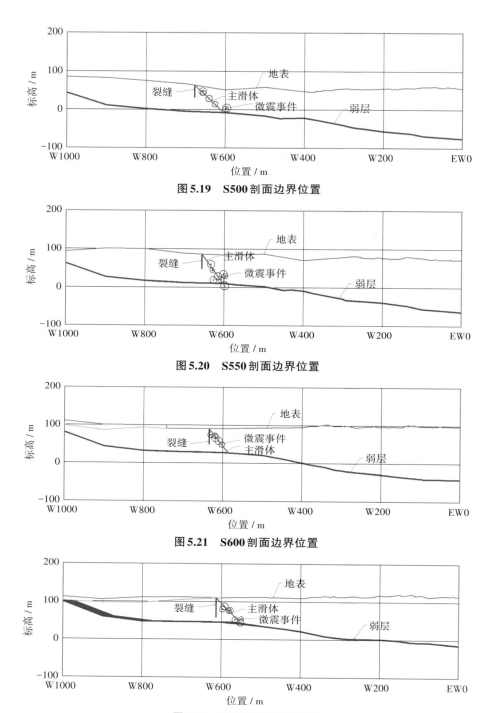

图 5.19　S500 剖面边界位置

图 5.20　S550 剖面边界位置

图 5.21　S600 剖面边界位置

图 5.22　S650 剖面边界位置

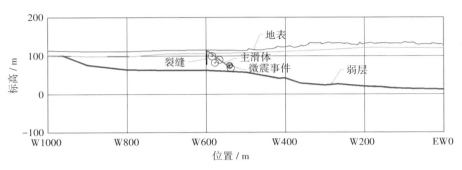

图5.23　S700剖面边界位置

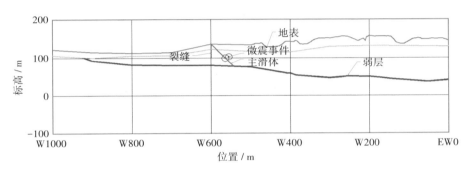

图5.24　S750剖面边界位置

　　表5.1为各剖面推断出的西部边界与水平方向的夹角，从表中不难看出各剖面的水平夹角在37°～55°之间。

表5.1　各剖面西部边界与水平方向的夹角

位置/m	S450	S500	S550	S600	S650	S700	S750
角度/(°)	52	44	55	53	47	37	46

　　（3）由微震事件反演主滑体西部边界形态

　　为重新构建实体三维模型，将确定的二维形体剖面主滑体位置在CAD中放样，在3DMine软件中裁剪地表，获得连续的平滑曲面（图5.25中洋红色曲面），该曲面表示西露天矿南帮大变形边坡主滑体西部深部边界的空间形态示意，与水平方向的夹角约为47°。

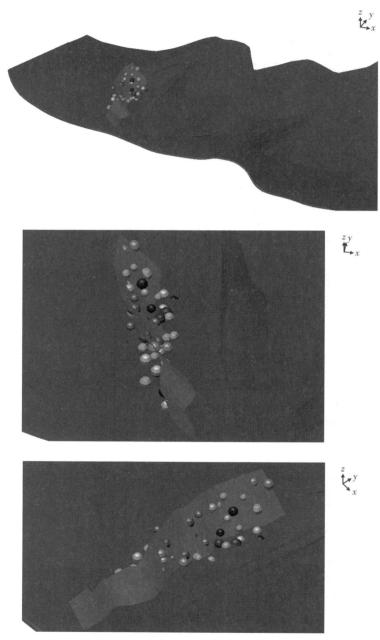

图5.25   南帮主滑体西部边界形态

5.3.2 钻孔影像技术

（1）钻孔影像技术简介

RG井下电视系统可以清晰直观地对露天边坡岩层进行探测，并分析不同深度的岩性、节理裂隙走向和倾角、破碎带位置等，通过对多个钻孔资料的综合分析即可判定潜在的滑移面位置。

地表采集系统、绞盘、软件显示系统及电缆探头四个软硬件构成了RG井下电视系统。该系统在配备绞车时，最大探测深度可达到3000 m，系统自带的多种高精度实时探头可以在工程现场实现对地质钻孔孔壁的全方位高精度成像，进而实现岩性描述、节理及裂隙分析、钻孔倾斜度测量等。该套系统探头包括RG新型高分辨率光学探头（OPTV）和高分辨率超声探头（HRAT）。

（2）影像成果

对南帮滑体西侧一定数量的钻孔采用钻孔影像技术，结果如图5.26～图5.29所示。

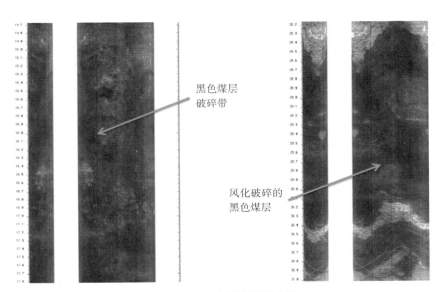

图 5.26 31#孔钻孔影像成果

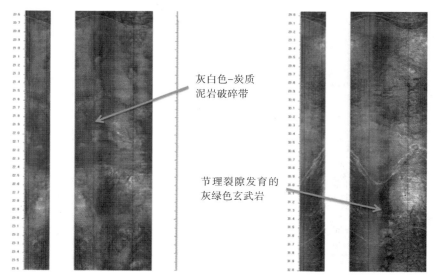

灰白色–炭质
泥岩破碎带

节理裂隙发育的
灰绿色玄武岩

图 5.27　37#孔钻孔影像成果

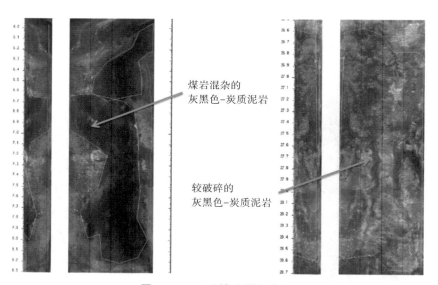

煤岩混杂的
灰黑色–炭质泥岩

较破碎的
灰黑色–炭质泥岩

图 5.28　58#孔钻孔影像成果

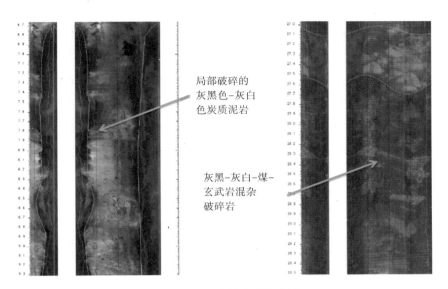

局部破碎的
灰黑色-灰白
色炭质泥岩

灰黑-灰白-煤-
玄武岩混杂
破碎岩

图5.29　79#孔钻孔影像成果

▷ 5.4　滑体前缘位置的确定

5.4.1　南帮底部剪出位置确定

通过现场测绘、地质钻探、物探等勘察手段，已经确定滑体后缘裂缝位置、形态及滑面（带）层位，但滑体前缘剪出位置及形态尚不明确。滑体剪出位置的确定方法有搜索计算、变形监测及地质调查等。其中搜索计算经济上投入较少，但受计算模型及选取参数影响较大；变形监测虽然总体精确度较好，但受监测点布设密度条件限制也较明显，监测点易损导致经济投入较大；地质调查直观准确，但受地形地貌、回填压脚等因素的影响，需依靠主观判断，缺乏验证。现采用搜索计算、变形监测及地质调查的手段和方法，相互对比、验证，综合确定剪出位置。

（1）搜索计算

借助 Geo-Slope 边坡稳定计算软件，改变滑坡体底部剪出位置及形态，分别进行稳定性计算，稳定系数最小的为最可能的剪出位置。其中，W400剖面、E400剖面和E800剖面剪出位置如图5.30～图5.32所示，各

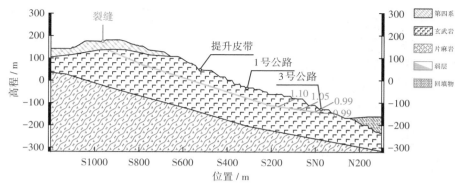

图5.30　W400剖面不同剪出位置稳定系数

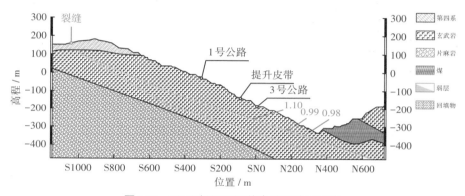

图5.31　E400剖面不同剪出位置稳定系数

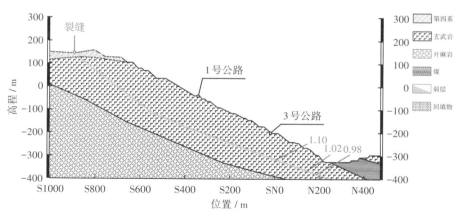

图5.32　E800剖面不同剪出位置稳定系数

潜在剪出口对应的稳定系数由图中红色数字表示。通过统计、整理各剖面潜在剪出口的稳定系数，图5.33中所示黄色线段即为将稳定系数最小的潜在剪出口位置相连并投影到平面图上的结果。

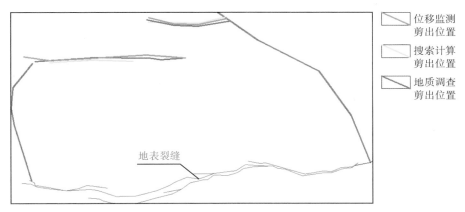

位移监测
剪出位置

搜索计算
剪出位置

地质调查
剪出位置

地表裂缝

图5.33　南帮滑体剪出口位置平面图

（2）变形监测

从变形监测的角度来讲，沿边坡滑动方向，牵引段与主滑段垂向变形表现为下沉，抗滑段垂向变形表现为抬升，滑坡前缘垂向变形由抬升过渡到0的位置，即剪出位置。通过分析、研究图5.33中2013年4月—2014年2月南帮大变形边坡GNSS变形监测数据，可知，图中蓝色数字表示该处测点垂向变形为下沉，红色数字表示该处测点垂向变形为抬升，绿色线段为整理变形监测结果绘制出的坡底剪出位置。

（3）地质调查

通过现场踏勘、地质填图，将坑底底鼓较为明显的位置标记在平面图中，经分析处理，确定坑底剪出位置，如图5.33中粉色线段所示。

5.4.2　南帮底鼓位置确定

考虑到西露天矿大变形滑坡体呈现由南向北整体滑动的特征，且整个滑坡体影响范围巨大，拟采用D-InSAR结合MAI矿区遥感监测技术来综合确定大变形滑坡体的底鼓位置，如此既实现了大变形滑坡体整体形变的监测，弥补了常规点式测量的缺陷，又克服了传统监测手段对大变形体南北向变形不敏感的缺点，实现对南帮大变形滑坡体变形的全方位监测。图 5.34 为基于上述两项监测技术得到的大变形滑坡体整体位移监测云图。

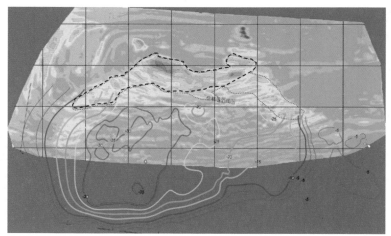

┄┄┄┄ 底鼓位置
┄ ┄ ┄ 压脚位置

图 5.34 位移监测云图

其中，红色越深的区域鼓胀越严重。红色虚线范围内为底鼓区域，可以明显看出，滑体东西两侧，尤其是坑底位置底鼓较为严重。

▷ 5.5 基于边界判定的安全保障

5.5.1 大变形边坡的时间保障

通过对南帮大变形滑体变形数据分析可知，该滑体的长期蠕变变形大致可以分为两个阶段：第一个阶段，在雨季前的 4—6 月，历时 3 个月，该阶段滑坡体的变形速率约为 15 ~ 20 mm/d；第二个阶段，在雨季来临及结束后的 7—12 月，历时 5 个月，该阶段滑坡体的变形速率约为 50 ~ 100 mm/d。

抚顺西露天矿南帮大变形滑坡体不论是滑体量，还是覆盖面及影响范围，在世界范围内的露天矿边坡中都是罕见的，因此，在对其选取监测手段或者治理措施时须深思熟虑并充分论证。西露天矿南帮大变形滑坡体表现出长期蠕变规律，雨季前后的两个蠕变阶段共历时 8 个月，为边界判定技术及装备的选取提供了充足的时间。尤其应当指出的是，在进行滑坡体深部形态确定时需要结合现场勘探工程开展（现场勘探为钻孔施工及微震传感器的布设），而在大变形滑坡体上进行勘探工程受复杂地质条件、地下水等不良因素影响，施工周期往往较长。因而，在一定程度上讲，研究大变形边坡的长期蠕变变形有利于露天矿选取合理的监测手段，制定有效的安全防护措施。

5.5.2 大变形滑体边界判定的安全保障

通过多元监测技术综合确定大变形滑体的边界，带来的安全保障效益主要体现在以下方面。

① 基于 InSAR 干涉雷达测量技术界定了南帮大变形滑体西南侧地表的裂缝分布形态，该区域主要覆盖范围为坑口油厂装置区。由于坑口油厂装置区建（构）筑物表现出来的不耐变形性，需及时对产生的裂缝进行回填压实，并需加固和修复装置区建（构）筑物。该区域边界确定后，工程技术人员可以以此为依据提出合理、有效的裂缝回填压实方案，防止大气降水产生的地表径流水沿裂缝进入变形体中，使变形体岩石力学强度指标进一步恶化，加速进入加速变形阶段。

② 基于 IMS 微震监测技术界定的西侧边界深部形态，得出该边界曲面与水平方向的夹角为 47°左右，基于该数据，工程技术人员提出了坑口油厂装置区抗滑桩加固工程的具体实施方案。

③ 通过对滑坡体工程钻孔采取钻孔影像技术，清晰明了地辨别出了南帮大变形滑坡体不同深度的岩性、节理裂隙走向和倾角、破碎带位置，进而确定影响南帮大变形滑坡体的三个控制弱层分别为炭质破碎带、花岗片麻岩和玄武岩，并结合数值模拟验证了大变形滑坡体的变形破坏机理。

④ 抚顺西露天矿在百年的开采历史过程中，采深度超过 400 m，局部边坡经过风化、水体冲蚀等不良作用形成了高陡台阶。通过 SSR 边坡稳定雷达、D-InSAR 及 MAI 矿区遥感监测技术确定的大变形滑坡体两个侧

边界和前缘边界，在实现快速边界界定的同时，完全避免了由传统人工边界圈定方法造成的安全风险，如高处坠落、局部垮塌落石引起的人员伤亡或设备损伤，甚至避免了较大范围发生失稳滑坡导致的人员无法及时撤离等，极大程度地保障了矿区作业人员的安全。

隐患体综合监测及 短临危险性预报关键技术

▶ 6.1 露天矿边坡变形阶段的判定

　　露天矿边坡从开始变形到最终发生失稳滑坡破坏，一般要历经产生、发展到消亡的演化过程。以时间变化为节点，露天矿边坡变形破坏的演化过程分为初始变形、匀速变形和加速变形（如图6.1所示）；以空间变化为节点，过程则根据潜在滑动面演化分为孕育、形成发展和贯通，具体的不良地质情况通常表现为后缘拉张裂缝、两翼剪切裂缝和前缘鼓胀裂缝等。滑坡预警预报（特别是短临危险性预报）的基础就是正确把握露天矿边坡的时空演化规律。

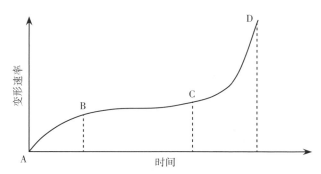

图6.1　露天矿边坡变形速率–时间曲线

　　初始变形阶段（AB段）：露天矿边坡在自重或其他外部荷载作用下出现初期变形，坡体出现初始变形位移，内部裂缝逐步产生，该阶段的变形曲线具有较大的初始斜率。随着重力或外部荷载的持续作用，坡体变形逐渐趋于平稳，在曲线上表现为斜率逐渐下降，减速变形的特征开始显现。故该阶段亦可被称为减速变形阶段，同时，该阶段边坡开始出现轻微变形、裂缝等不良地质情况。

匀速变形阶段（BC 段）：初始变形结束后，边坡在自重或外部荷载作用下，岩土体将趋于发生匀速持续变形，变形曲线为倾斜直线，变形速率基本保持不变，直至该阶段末期边坡出现前缘局部隆起或后缘局部沉陷等不良地质情况。该阶段曲线受外界因素的干扰可能出现局部波动，当外界因素呈现为周期性作用时，也可以出现周期性跳跃。

加速变形阶段（CD 段）：边坡在自重或外部荷载的持续作用下，变形持续发展到特定时间节点后，变形速率会急剧增大，边坡将发生整体失稳破坏而滑坡，该阶段变形曲线表现为斜率陡然增大。这一阶段在边坡体上宏观显示为滑坡体后缘急剧下沉，前缘出现底鼓、开裂，滑坡体剪出口位置及影响带出现剪出、膨胀及松动带，边坡整体出现滑动迹象。

截至目前，大量边坡监测数据表明：针对渐变型边坡受重力作用的情况，上述三个阶段的演化规律具有普适性。但在实际滑坡监测中，由于专业监测范围触发的变形阈值不同，部分滑坡监测数据只反映出匀速变形和加速变形这两个阶段的监测数据。

露天矿边坡一旦发生整体滑坡，一般将其变形破坏又细化为蠕动变形、等速变形、加速变形和临滑四个阶段（如图6.2所示）。

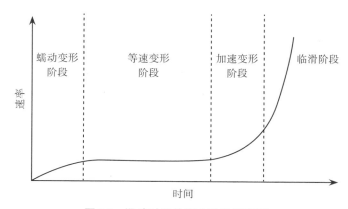

图6.2　滑坡过程的四个阶段示意图

蠕动变形阶段：受自重或外部荷载影响，在挤压作用下岩体沿着潜在软弱结构面（层）或剪切面出现顺剪切方向的定向排列和密实作用，局部边坡发生剪切滑移。坡体后缘将出现断续、无规则拉张裂缝，但无错落和下沉等明显现象；同时，坡体其他区域（两侧、中部和前缘）也无明显变形现象。如果表现为牵引式滑坡（即拉张式滑坡），不规则的横向拉张裂缝将出现在坡体前缘。随着时间的增加，滑坡体在该阶段的剪切变形速率却逐渐减小，故又将蠕动变形阶段称为减速变形阶段。

等速变形阶段：滑坡体将在该阶段沿着潜在软弱结构面（层）或剪切面发生局部剪切滑移，具体表现为稳定扩展的渐进式剪切滑移。这一阶段宏观表现为坡体后缘出现不连续的弧形拉张裂缝，且端部交错裂缝错落下沉，坡体两侧出现间断的羽状裂缝，滑坡体底部出现隆起。如果表现为牵引式滑坡（即拉张式滑坡），那么前缘的横向拉张缝将急剧显现。该阶段滑坡体剪切变形速率随着时间的增加而均匀递增，且递增速度较为缓慢，故等速变形阶段又被称为稳定变形阶段。

加速变形阶段：滑坡体沿着潜在软弱结构面（层）或剪切面出现的剪切滑移面迅速扩展，岩土"锁固段"不足以支撑下滑力而被剪断，滑动面逐步贯通。该阶段宏观表现为后缘弧形拉张裂缝相互连接并进一步加大加深，滑坡体出现整体错落、下沉；坡体两侧羽状裂缝加剧，剪张裂缝也随之出现在顺两侧壁方向，并逐渐和后缘弧形裂缝贯通，整体滑移边界已经基本显现；前缘出现轻微鼓胀。该阶段滑坡体剪切变形速率随着时间的增加而明显增大，故加速变形阶段又被称为不稳定变形阶段。

临滑阶段：滑坡体所在潜在软弱结构面（层）或剪切面形成的剪切滑移面已经完全贯通，该滑移面残余强度不大，上部边坡将沿着该滑移面发生整体滑动。该阶段宏观表现为坡体后缘弧形拉张裂缝完全贯通，后缘弧形拉裂圈与两侧剪张裂缝互连，滑体与后缘壁明显错落，前缘出现明显底鼓或放射状裂缝，并伴生强挤压裂缝，局部岩层倾角变陡、岩性挤压破碎，整个滑体边界已经形成。该阶段滑坡体剪切变形速率随着时间的增加呈陡直线上升，故又将临滑阶段称为急剧变形阶段。

▶ 6.2 隐患体监测技术概况

6.2.1 边坡监测方法概述

根据监测主体进行区分，露天矿边坡监测方法可分为地表变形监测和地下变形监测两种；根据监测内容可分为大地测量、近景摄影测量、GNSS、边坡稳定雷达、地下测斜法和地表裂缝测量法等。

（1）地表变形监测

根据不同的位移计算方式，地表变形监测又分为绝对位移监测和相对位移监测两大类。

绝对位移监测包含 GNSS、大地测量法、近景摄像测量法和遥感监测法 4 类。前两类监测方法可以在所有滑坡监测中应用，是所有监测方法的基础；当边坡变形速率较大时应采用近景摄像测量法，对陡崖危岩体的变形监测效果最好；而当需要对大范围或区域性的研究目标进行监测时，则推荐采用遥感监测法。

相对位移监测包含简易监测法、边坡稳定雷达和电测法等。该方法普遍适用于各类型边坡的变形监测，其中，作为高新监测技术的边坡稳定雷达，具有监测范围广、精度高的优势，现场实用性要强于其他三种方法。

（2）地下变形监测

当需要监测滑坡体内部的相对变形时，就需要采用地下变形监测方法。该方法又可分为深部横向位移监测法、测斜法和测缝法等。其中，深部横向位移监测法具有普遍适用性，可将其应用到滑坡或坍塌的变形监测中，该监测法尤其适用于中前期变形阶段的滑坡体监测。地下变形监测方法中的测斜法不适用于进行边坡临近失稳监测。

6.2.2 边坡短临预测预报方法与模型

精准的边坡临滑预测预报可避免人员伤亡和设备损坏，进而最大限度地消减滑坡灾害造成的影响，降低经济损失。在广义层面上，主要分为时间、空间和灾害三个方面的预测。在狭义层面上，就是要确定边坡变形体何时会发生失稳或滑坡。因而，如何实现精准滑坡时间的预测预报成为了边坡预测预警的核心问题。

一般极难在滑坡体处于等速变形或加速变形初期这两个阶段实现精准的临滑预测预报，主要原因是滑坡在发展、演化过程中常常受到如大气降水、冻融及采矿活动等不良外在因素作用。确定当前边坡所处的变形阶段成为了边坡预测预报首先需要解决的问题，后续才能分析研究不同变形阶段与时间预测预报的关系。

通常，可根据时间历程将滑坡预测预报分为中长期预报、短期预报和临滑预报，其中，临滑预报为所有预测方法中的重中之重[142-147]。

（1）中长期预报

在进行中长期预报时，边坡已经出现些许滑坡迹象，但位移尚未出现明显变化，因而表现为对边坡后续变形和破坏时间的趋势性预报。

该预测方法的目的是判断边坡是否会发生滑坡，并决定是否对边坡进行监测、如何监测。最大特点表现为预报的不确定性，工程中随着外界环境和时间的变化，滑坡变形可能持续发生，也可能在初始变形后采取适当治理措施后停止变形。该方法的重心是确定滑坡所处阶段，而非预测滑坡时间。

（2）短期预报

在进行短期预报时，边坡前缘、两侧和后缘全面出现可被观察到的、持续发展的变形和裂缝。通过对监测数据和相关资料进行分析，粗略预报边坡可能出现的变形行为和失稳破坏时间。

短期预报的目的是通过对滑坡进行详细的监测和密切的观察，进而基本确定滑坡的可能性，并大致预报剧滑时间和潜在的灾害影响范围，在此基础上提出边坡防治措施，降低滑坡灾害带来的不利影响。特点表现为边坡变形持续时间增长，v（速度）$-t$（时间）曲线由线性转为非线性，v加速越明显，相应地宏观变形迹象就越明显，边坡发生滑坡的可能性就越大。只有在采用卸荷或压脚等治理手段后，滑坡变形才可能逐渐趋于平稳。

（3）临滑预报

在进行短期预报时，滑坡体所有变形破坏现象已经出现，监测数据也均出现突变，意味着边坡即将进入剧滑阶段。

临滑预报的目的是通过严密监视滑坡的动态变化，随时根据外部因素的变化调整、校正预报时间，进而采取有效的防治措施，消减灾害的不利影响。当边坡进入临滑状态时，需要马上将危险区域内的人员和设备撤离出来。临滑阶段的特点是坡体出现突变变形破坏，v（速度）$-t$（时间）曲线变为剧速蠕变，滑坡即将发生。临滑预报是所有滑坡预报工作中至关重要的阶段。

一般不易对未进入加速变形阶段的滑坡体实现精准预报，所以当边坡变形还未进入加速变形阶段之前，只能对发展趋势做出中长期预报，此时，一般采用极限平衡理论对稳定性进行定量计算，从宏观上反映边坡的演化阶段，不能直接计算和预测、预报滑坡的具体时间。

目前，较常用的预报类型主要有以下三种。

① 斋藤迪孝预报模型。斋藤迪孝（日本）通过研究提出，当边坡进入加速变形阶段时，可通过s（位移）$-t$（时间）曲线实现临滑预报。在s（位移）$-t$（时间）曲线上取三个相邻的时间点t_1，t_2，t_3，使$t_2 \sim t_1$和$t_3 \sim t_2$两段之间的位移量相等，则发生滑坡的时间t_r由式（6.1）得出：

$$t_r - t_1 = \frac{\frac{1}{2}(t_2 - t_1)^2}{(t_2 - t_1) - \frac{1}{2}(t_3 - t_1)} \tag{6.1}$$

当边坡进入加速变形阶段后，斋藤迪孝法具有极好的适用性。

② 灰色系统预报模型。邓聚龙教授通过研究"部分信息已知，部分信息未知"确定"小样本"和"贫信息"，提出了灰色系统预报模型，该模型通过提取"部分"已知信息中有利用价值的信息，正确认识和有效

控制系统的运行行为。

③ Verhulst 预报模型。德国科学家 Verhulst 基于生物生长提出了 Verhulst 模型，该模型对应于生物繁殖、生长、成熟、消亡的发展演变过程。1989 年，晏同珍考虑到滑坡的演变对应的也有一个变形、发展、成熟到破坏的过程，与 Verhulst 模型具有相似性，于是将其应用到滑坡变形的预测预报中。

▷ 6.3 西露天矿边坡综合监测技术

6.3.1 基于红外热成像的边坡出水点观测技术

（1）红外原理及热成像技术

在自然界中，任何介质的温度一旦高于绝对零度（−273.15 ℃），势必会以电磁辐射的形式在特定波长范围内发射辐射能，进而产生电磁波。热成像技术是一种常规无损检测技术，利用红外线热感应照相机对被检测物体表面进行非接触的热测量成像并分析热图谱。热像仪通过测量红外（IR）能量生成热的图像，同时将数据转换成对应的温度图像。通过热像仪，整个研究目标的温度特性将显示为一个平面图像，而非独立温度。

（2）现场应用及结果分析

为提取西露天矿南帮大变形体的温度场变化信息，采用红外热像仪进行热成像观测，并对温度异常区域圈定和机理开展研究、分析，结合现场实测结果，寻找变形体渗水点准确位置，进而推断潜在断层及破碎带位置，为下一步边坡防治措施提供依据。

本次采用德国生产的 VS3021STU 号红外热像仪，温度灵敏度可达0.025 ℃，空间分辨率为 360 像素 × 240 像素，波长 8 ~ 12 μm，成像速率1 Hz，测温范围 −40 ℃ ~ +1200 ℃，适用于抚顺矿区的环境温度。本次将−309 泵房周边区域及 E500 ~ E1200 定为热成像观测区域。

图 6.3 是 −309 泵房附近区域的热成像监测结果，图 6.4 为现场照片对比图。

图6.3 –309泵房附近区域的热成像监测结果

图6.4 热成像监测结果热像判读的渗水点在可见光照片中的对应位置

从图6.3中可以看到，–309泵房附近区域的温度总体很高，但存在3处温度明显较低的区域，分别编号为1号、2号、3号区域。1号区域在泵房的东南角，呈三角形，该区域整体温度比周围区域低，且该区域又分为多个低温小区域，各小区域的温度均比附近区域低约4 ℃。结合现场踏勘及地质资料分析结果，发现5号断层通过该区域且断层较破碎，断层破碎带含水，造成了该区域温度偏低。

2号区域位于泵房的西南角，在南北向的输水管道的东侧，距离地面大约10 m；3号区域位于输水管道的西侧79 m左右，距离地面大约10 m。根据热成像结果，2、3号区域为疑似渗水点出露位置，且它们的形成可能与断层有关。经过现场踏勘确认，连接2、3号的直线上确实存在断层（见图6.4中的红色线条），该断层反倾于南帮倾向，断层长度为80～100 m。

图6.5、图6.6为南帮大变形体E500～E1200区间的热成像监测结果。可以看到，有6处较为明显的渗水区域出现在3号公路以下、输水管道以东、E500线以西区域的范围内，对应位置详见图6.6中的绿色圆圈（1～6号区域），该区域的温度较周边岩石温度低4～5 ℃。在3号公路以上，顺着输水管道（7号区域）及西部区域（8号区域）均存在垂直方向的低温条带，可认定为渗水条带。同时，这两个条带西侧到+30 m水平位置，存在明显的低温区域（图6.6中9号区域），该区域的温度较周边岩石温度低6～8 ℃，可认定该区域也为渗水区域。

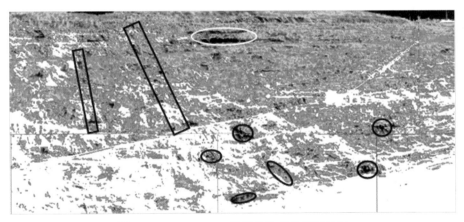

图6.5 E500～E1200区间的热成像监测结果

根据对图像中不同区域的温差进行比较分析，确定南帮大变形边坡的主要出水点集中在E500～E1200区间内的−230～−330 m水平。E1300区域上部为原刘山河旧河道，该河道赋存的河卵石层具有极好的渗透性，汇集的潜水主要通过该通道渗入变形体中。同时，降雨和地表水渗入边坡基岩裂隙中，在E800～E1300区间的−230～−330 m水平内统一排出，表明该区域存在不利于边坡稳定的地下水。

图 6.6 **E500～E1200区间内渗水点位置在可见光照片中的判识结果**

6.3.2 基于SSR边坡稳定雷达短临危险性预报技术

（1）SSR边坡稳定雷达基本原理

5.2.2章节对SSR边坡稳定雷达的基本原理进行了介绍，工作原理如图6.7所示。现场技术人员通过监测站直接或间接地获取监测数据，并对两次监测位移变化量进行比较。

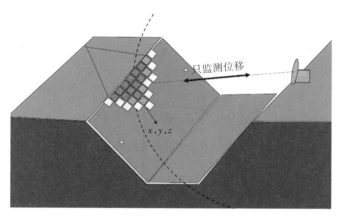

图 6.7 **边坡雷达监测扫描示意图**

边坡雷达系统通过无线电波的方式实现信号传输，通过雷达波发射原理可知，信号初始指向研究目标，无线电波信号经由研究目标表面反弹，之后被该监测系统接收，如图6.8、图6.9所示。

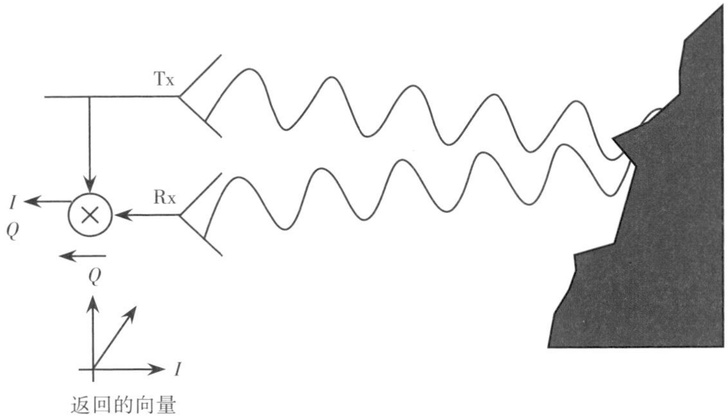

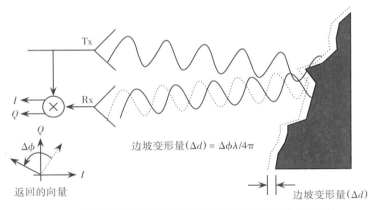

图6.8   边坡雷达发射并接收雷达波的过程示意图

边坡变形量$(\Delta d) = \Delta\phi\lambda/4\pi$

返回的向量

边坡变形量(Δd)

图6.9   边坡雷达系统测量的相位变化（即岩壁的位移量）

两次扫描雷达波之间相位的变化见图6.10。相位的变化可以反映相邻时间内两次边坡表面产生的位移。边坡稳定雷达数据形式输出主要体

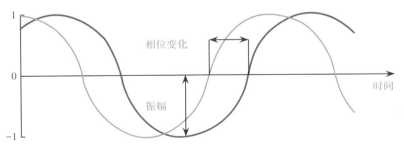

图6.10   两次扫描雷达波之间相位变化图

现为距离、变形和振幅。其中，变形为两次紧邻扫描的相位变化量，振幅为反弹回的相位合矢量值，距离即雷达与边坡之间的间距。

（2）短临危险性预测功能

① 报警功能。该系统自带报警功能，用户可以根据各露天矿现场实际需求设定报警阈值，并设置不同颜色表示不同的报警级别，形成多级报警。当报警触发时，不同的报警提示会在系统中自动弹出（主要为红色、橙色和黄色三种报警）。

② 位移分析曲线。边坡滑坡预测的重要判断标准是边坡位移大小和曲线形态。位移分析曲线是该监测系统最基础的功能之一，通过分析位移曲线可直接、有效地反映边坡变形情况。通过对临滑阶段监测数据分析可知，该阶段每两次扫描的位移差值随时间的增加而大幅增加。

③ 速度分析曲线。与位移曲线相比，速度曲线能更清晰地显示出滑坡体各区域的变形状态，进而明确边坡所处的变形阶段。因此，速度曲线也成为重要的临滑阶段分析、判别依据。监测到的临滑阶段结果显示，该阶段每次扫描得到的速度值随着时间的增加持续增加，故可同样由此判断边坡变形是否进入临滑阶段。

④ 预测滑坡时间曲线。速度倒数曲线是边坡雷达技术关于临滑预报的最主要方法。基于速度倒数曲线的边坡临滑预测原理是：当边坡进入临滑阶段时，其位移和变形速率均持续增大，而变形速度倒数却不断减小，直至无限趋于0。当位移速率触发预定报警值时，工程技术人员立即对速度倒数曲线进行线性拟合，其与时间轴的交点即为滑坡预报的时间点。

（3）SSRViewer软件介绍

边坡稳定雷达主要通过SSRViewer软件实现监测数据的查阅和解译功能，来完成边坡表面变形监测任务，并相应地启用报警功能实现滑坡预测预报。SSRViewer软件界面如图6.11所示。

SSRViewer软件的主要作用归纳如下：

边坡变形的直观显示；

查看图形图像并进行分析的工具；

用户自定义运动极限的自动报警；

归档数据的分析。

SSRViewer还可以用来确定：

变形范围；

变形率；

变形趋势；

边坡发生破坏的一些预告信息；

进行实时监测或分析已经发生的滑坡破坏。

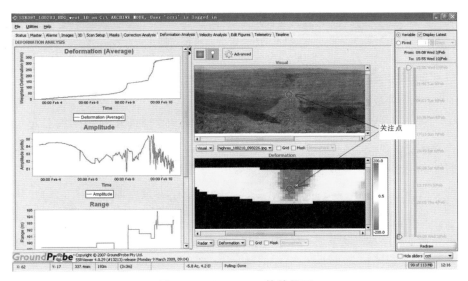

图6.11　SSRViewer软件界面

（4）实时监控预警系统组成

① 数据采集部分：将边坡稳定雷达布设于大变形滑坡体正对面的北帮边坡特定台阶上（如图6.12所示），实现对南帮大变形主滑体的全范围边坡扫描。

② 数据传输部分：中继站架设在露天矿北办公楼楼顶，既可以接收边坡稳定雷达发出的数据信号，又可以将调度中心的指令转发至边坡稳定雷达。

③ 调度中心部分：调度中心有专业技术人员24 h值守，对边坡稳定雷达发送指令的同时，处理和分析传送回来的监测数据。调度中心处理后的监测结果将实时传送到露天矿各职能部门显示终端上，以便露天矿

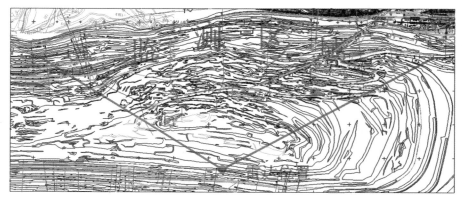

图6.12　边坡雷达布设位置图

各职能部门实时掌握南帮大变形边坡变形动态、监测结果及稳定情况。

（5）南帮边坡重点区域监测成果

为将雷达监测先进技术与西露天矿南帮边坡管理实践相结合，更好地指导生产作业及改善边坡管理工作，确保矿山管理和工程技术人员及时了解重点区域的边坡变形数据，矿方将东南帮公路、缓冲仓、−188公路、提升皮带、1号站下部和三号公路等区域作为重点监测对象。

图6.13为南帮大变形边坡重点区域位移及速率历时曲线。图中显示：南帮大变形边坡2013年7月前的位移速率均在15 mm/d左右；随着雨季的到来，降雨量逐渐增加，大变形体中地下水补给增加，使该边坡稳定性进一步恶化，最大位移速率达到80 mm/d；雨季过后，变形速率开始回落，但进入冬季，受"冻结滞水促滑效应"影响，边坡水泻出口冻结，地下水富集，水位升高，静水压力逐渐增大，位移速率不断增加，至2014年3月初解冻时达到最大值160 mm/d；2014年3月以后，随着内排回填压脚工程的推进和地下水疏排水工作的开展，大变形边坡位移速率呈现降低趋势。

总而言之，南帮大变形边坡位移速率不断增大的趋势，表明在蠕变损伤、含水率变化及其他外部荷载等因素的影响下，边坡体岩土强度指标逐渐恶化。同时可以看出，最大位移区域由E400位置逐渐西移至W200处，说明滑体西部边界逐步贯通形成。

图6.14为南帮大变形边坡重点监测区域2014年5月的位移速率曲线，

监测结果显示，该边坡整体处于匀速变形阶段，无明显加速迹象或局部失稳异常区域。

▶ 6.4 基于监测数据的安全保障

通过红外热成像技术得出：-309 泵房附近存在 3 处低温区域，E500 ~ E1200 范围内存在 6 处低温区域、2 个低温条带。通过对这些区域的现场踏勘，确定 -309 泵房附近赋存 2 条断层或破碎带，E500 ~ E1200 边坡上部为老河道。在南帮边坡持续蠕变-大变形的过程中，降雨及地表水等易沿着老河道河卵石层通道渗入滑体内部，使滑体岩石强度指标进一步恶化；同时南帮边坡易沿着断层或破碎带区域发生局部垮塌、片帮或小范围滑坡等灾害，进而破坏大变形体的整体稳定。红外热成像技术的使用，为后续有针对性地选取边坡防治措施提供了必要的技术保障。

通过图 6.13 雷达监测结果可知，西露天大变形体的长期蠕变变形分为两个阶段：

在 2013 年雨季前的 4—6 月为第一匀速蠕变阶段，该阶段历时 3 个月，在受坡体自重的作用下，滑坡体的变形速率维持在 15 ~ 20 mm/d；

在 2013 年雨季来临及结束后的 7—12 月为第二匀速蠕变阶段，该阶段历时 5 个月。大气降水逐渐渗入大变形体坡体中，使变形体岩石力学强度指标进一步恶化，致使该阶段变形体变形速率急剧增大，变形速率基本维持在 50 ~ 100 mm/d。

上述两个阶段的监测数据与 3.5.1 章节中软岩峰值前蠕变曲线基本一致，证实了西露天矿南帮边坡发生了蠕变-大变形。结合 6.1 章节中露天矿边坡变形阶段的研究成果及图 6.13 的监测数据可知，南帮大变形边坡尚处在等速变形阶段。一般情况下，边坡滑坡治理工程都选择在处于等速变形阶段开展，因为一旦进入加速变形及临滑阶段，将随时可能发生滑坡危害。所以通过 SSR 边坡稳定雷达对南帮大变形边坡实时监测，为后续抗滑桩加固工程及内排土回填压脚工程的实施提供了重要的安全保障。

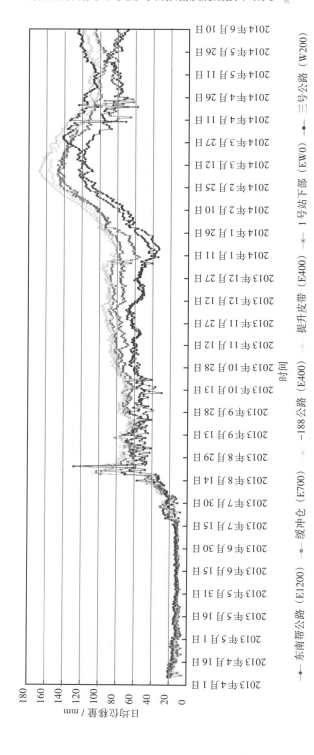

图6.13 南帮大变形边坡重点区域位移及速率历时曲线

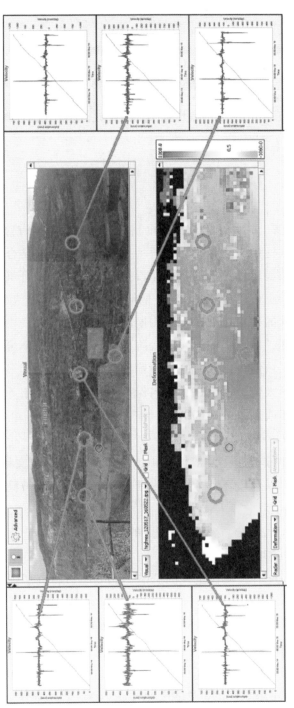

图6.14　南帮大变形边坡重点监测区域2014年5月位移速率曲线图

7 蠕变-大变形高陡边坡稳定性分析与评价

  《煤炭工业露天矿设计规范》指出，采掘场边坡角度直接影响矿建工程量和生产剥采比的大小，它与评价一个露天煤矿的经济合理性有着密切的关系。边坡稳定性评价的目的是设计一个具有一定开采高度和边坡角的稳定边坡，使它具有合理、安全的服务年限和尽可能大的经济效益。露天矿开采要求的稳定边坡，在使用期间不会发生整体失稳或影响生产的较大变形破坏，对于小的崩塌和台阶破坏等被认为是不可避免的。边坡设计得太缓，虽然可以长时间保持稳定，但是却未达到最佳的经济效益；边坡设计得太陡，可以在短期内保持稳定，但是在服务年限内可能会发生整体破坏或频繁的局部破坏，那么过陡的边坡所获得的经济效益就可能被边坡破坏抵消。

  边坡稳定性分析，主要依据矿山边坡工程地质、水文地质、构造、岩石力学参数，以及边坡破坏模式等进行。本研究中边坡稳定性分析的基本原则如下：

  采用极限平衡法进行边坡稳定系数的计算；

  考虑水压对边坡稳定性的影响；

  考虑弱层强度对边坡稳定性的影响，必要时进行弱层强度变化的敏感度分析；

  安全储备系数选取主要参考《露天煤矿工程设计规范》（GB 50197—1994），如表7.1所示。

  同时，根据《滑坡防治工程勘查规范》（DZ/T0218—2006），滑坡稳定状态应根据稳定系数确定，见表7.2。

表7.1 边坡稳定性系数表

边坡类型	服务年限 / 年	稳定性系数
边坡上部有重要建筑物或边坡滑落会造成生命财产重大损失的边坡	>20	>1.5
采掘场最终边坡	>20	1.3 ~ 1.5
非工作帮边坡	<10	1.1 ~ 1.2
	10 ~ 20	1.2 ~ 1.3
	>20	1.3 ~ 1.5
工作帮边坡	临时	1.0 ~ 1.2
外排土场边坡	>20	1.2 ~ 1.5
内排土场边坡	<10	1.2
	>10	1.3

表7.2 滑坡稳定状态划分

滑坡稳定系数 F	$F < 1.00$	$1.00 \leqslant F < 1.05$	$1.05 \leqslant F < 1.15$	$F \geqslant 1.15$
滑坡稳定状态	不稳定	欠稳定	基本稳定	稳定

依据《露天煤矿工程设计规范》，以及目前对西露天矿南帮工程地质条件、水文地质等资料的掌握情况，结合我国其他露天矿工程经验，将西露天煤矿南帮边坡稳定性分析的安全储备系数选取为1.10 ~ 1.15。

▶ 7.1　计算方法选取

极限平衡法是当前用于边坡稳定性分析的常用方法，具有计算模型简单、计算参数量化准确、计算结果直接实用的特点。在极限平衡法理论体系形成的过程中，出现过一系列简化计算方法，诸如瑞典法、毕肖普法和陆军工程师团法等，不同的计算方法，力学机理与适用条件均有所不同。随着计算机的出现和发展，又出现了一些求解步骤更为严格的方法，如 Morgenstern-Price（摩根斯坦–普瑞斯）法、Spencer法等。本次稳定计算采用Morgenstern-Price法确定边坡的安全系数。

该方法的特点是考虑了全部平衡条件与边界条件，这样做的目的是消除计算方法上的误差，并对Janbu推导出来的近似解法提供了更加精确的解答。对方程式的求解采用的是数值解法（即微增量法），滑面的形状为任意的，安全系数采用力平衡法。

将边坡划分为n个条块，取第i条块为隔离体。该条块受到的作用力有（如图7.1所示）：

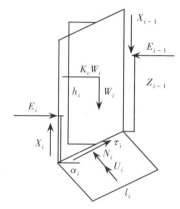

图7.1 条块受力分析图

W_i——自重；

K_cW_i——水平方向地震力，其中，K_c为地震影响系数；

$U_i = u_i \times l_i$——孔隙压力，其中u_i为单位长度孔隙压力，l_i为滑块底部的长度；

N_i——条块底部的法向力；

τ_i——条块底部的切向力；

E_i和E_{i-1}——条块间的法向力；

X_i和X_{i-1}——条块间的切向力。

Morgenstern-Price法假设满足的力函数如下：

$$X_i = \lambda f(x) E_i \tag{7.1}$$

Morgenstern-Price法不能在每个条块达到力和力矩的平衡，但是从整个滑坡体上能保持力和力矩的平衡。

首先，分析条块上的力，把力沿着条块底部竖向分解，方程如下：

$$N_i = (W_i + X_{i-1} - X_i)\cos\alpha_i + (-K_cW_i + E_i - E_{i-1})\sin\alpha_i - U_i \tag{7.2}$$

把力沿着条块底部水平方向分解，方程如下：

$$(N_i \tan\phi_i + c_il_i)F_s = (W_i + X_{i-1} - X_i)\sin\alpha_i - (-K_cW_i + E_i - E_{i-1})\cos\alpha_i$$

$$\tag{7.3}$$

联立式（7.1）~式（7.3）可得到

$$E_i\left[\left(\sin\alpha_i - \lambda f(x)_i\cos\alpha_i\right)\tan\phi_i + \left(\cos\alpha_i + \lambda f(x)_i\sin\alpha_i\right)F_s\right]$$

$$= F_sT_i - R_i + E_{i-1}\left[\begin{array}{l}\left(\sin\alpha_i - \lambda f(x)_{i-1}\cos\alpha_i\right)\tan\phi_i + \\ \left(\cos\alpha_i + \lambda f(x)_{i-1}\sin\alpha_i\right)F_s\end{array}\right] \quad (7.4)$$

式中：

$T_i = W_i\sin\alpha_i + K_cW_i\cos\alpha_i$ 为除条块间力之外由所有作用在条块上的力引起的滑力；

$R_i = \left[W_i\cos\alpha_i - K_cW_i\sin\alpha_i - U_i\right]\tan\phi_i + c_il_i$ 为由所有作用在条块上的力（除了条块间力）引起的剪力。

式（7.4）可简化为

$$E_i\phi_i = \psi_{i-1}E_{i-1}\phi_{i-1} + F_sT_i - R_i \quad (7.5)$$

在式（7.5）中：

$$\phi_i = \left(\sin\alpha_i - \lambda f(x)_i\cos\alpha_i\right)\tan\phi_i + \left(\cos\alpha_i + \lambda f(x)_i\sin\alpha_i\right)F_s \quad (7.5a)$$

$$\phi_{i-1} = \left(\sin\alpha_{i-1} - \lambda f(x)_{i-1}\cos\alpha_{i-1}\right)\tan\phi_{i-1} + \left(\cos\alpha_{i-1} + \lambda f(x)_{i-1}\sin\alpha_{i-1}\right)F_s \quad (7.5b)$$

$$\psi_{i-1} = \frac{\left(\sin\alpha_{i-1} - \lambda f(x)_{i-1}\right)\tan\phi_{i-1} + \left(\cos\alpha_i + \lambda f(x)_i\sin\alpha_i\right)F_s}{\phi_{i-1}} \quad (7.5c)$$

把上式与式（7.5）联立可得到式（7.6）：

$$F_s = \frac{\sum\limits_{i=0}^{n-2}\left[R_i\prod\limits_{j=i}^{n-2}\psi_j\right] + R_{n-1}}{\sum\limits_{i=0}^{n-2}\left[T_i\prod\limits_{j=i}^{n-2}\psi_j\right] + T_{n-1}} \quad (7.6)$$

式（7.6）是不确定的，因为 ψ_j 是 F_s 的函数，所以必须重复上述过程，这个过程比 Morgenstern 和 Price（1965）以微分方程组形式表示求解更简单。

条块力矩分析。对条块底部中心力矩平衡分析为

$$E_i\left[z_i - \frac{l_i\sin\alpha_i - E_{i-1}}{2}\right]\left[z_{i-1} + \frac{l_i}{2}\sin\alpha_i\right] - \tag{7.7}$$

$$\lambda\frac{l_i}{2}\cos\alpha_i\left(f(x)_iE_i + f(x)_{i-1}E_{i-1}\right) + K_cW_i\frac{h_i}{2}$$

方程 $M_i = E_iz_i$ 和 $M_{i-1} = E_{i-1}z_{i-1}$ 是假设的，M_i 和 M_{i-1} 是条块间的力矩。式（7.7）可以变换为

$$M_i = M_{i-1} - \lambda\frac{l_i}{2}\cos\alpha_i\left(f(x)_iE_i + f(x)_{i-1}E_i\right) + \tag{7.8}$$

$$\frac{l_i}{2}\cos\alpha_i\left(E_i + E_{i-1}\right)\tan\alpha_i + K_cW_i\frac{h_i}{2}$$

其中，通过最终的条件可得到 $E_0 = E_n = 0$，与式（7.8）联立可得到式（7.9）：

$$\lambda = \frac{\sum\limits_{i=0}^{n-1}\left[l_i\cos\alpha_i\left(E_{i+1}E_i\right)\tan\alpha_i + K_cW_ih_i\right]}{\sum\limits_{i=0}^{n-1}\left[l_i\cos\alpha_i\left(f(x)_{i+1}E_{i+1}\right) + f(x)_iE_i\right]} \tag{7.9}$$

最终安全系数 F_s 和 λ 可通过式（7.6）和式（7.9）求出。

▶7.2　计算模型确定

通过现场勘查、调查、分析研究，选择动态稳定性较差、有代表性的剖面。

充分考虑边坡稳定对周边设施的影响，选择较为敏感区域的剖面作为稳定计算剖面。

因为本项目建立的地质勘察剖面充分考虑了以上因素，并得到了较为详细的钻孔资料及岩土物理力学指标，因此，利用本次地质勘察剖面作为稳定计算剖面是合理的。

本次选取 W500～E1700 共 23 个剖面作为稳定性计算的剖面，如图7.2～图7.24 所示。

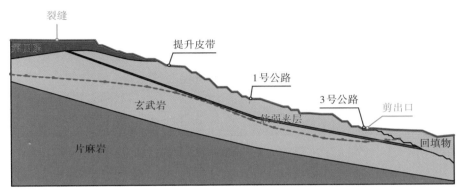

图 7.2　W500 剖面计算模型

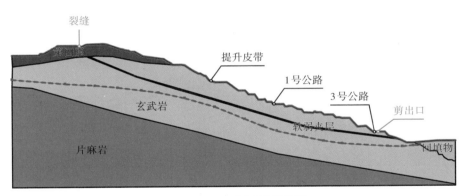

图 7.3　W400 剖面计算模型

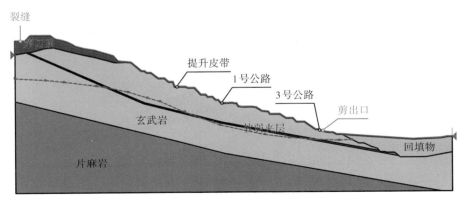

图 7.4　W300 剖面计算模型

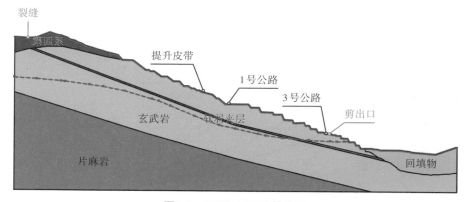

图7.5 W200剖面计算模型

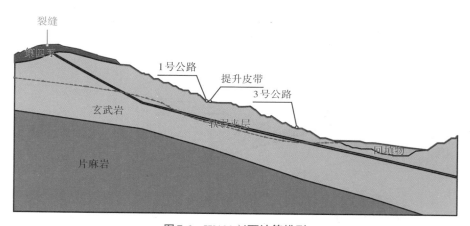

图7.6 W100剖面计算模型

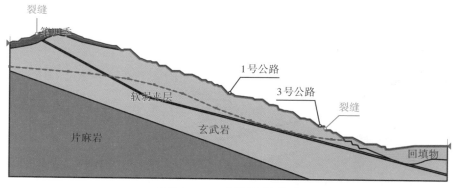

图7.7 EW0剖面计算模型

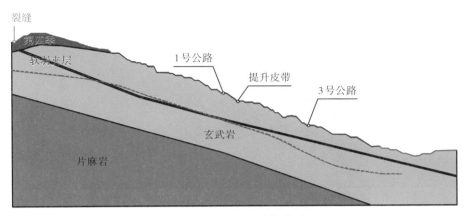

图 7.8　E100 剖面计算模型

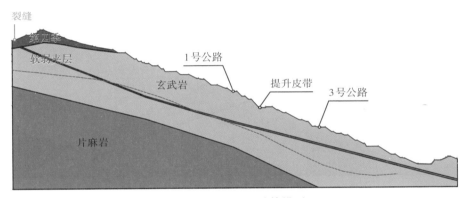

图 7.9　E200 剖面计算模型

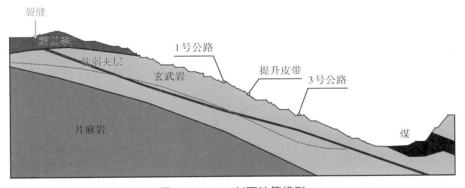

图 7.10　E300 剖面计算模型

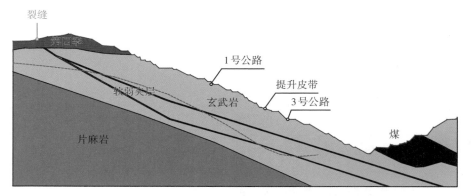

图7.11　E400剖面计算模型

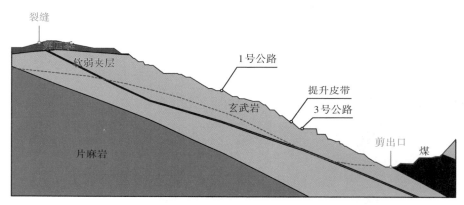

图7.12　E500剖面计算模型

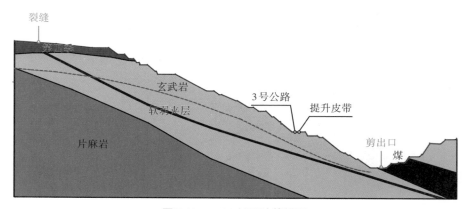

图7.13　E600剖面计算模型

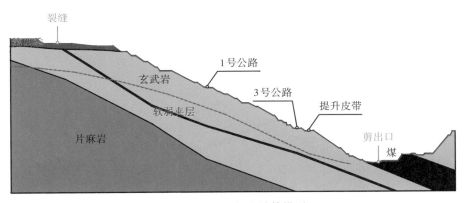

图 7.14　E700 剖面计算模型

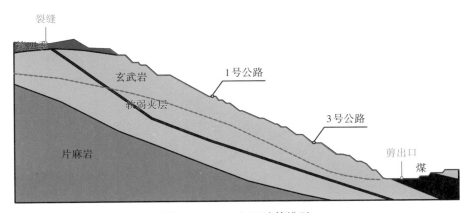

图 7.15　E800 剖面计算模型

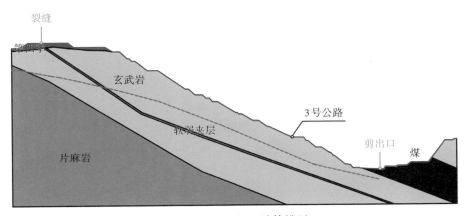

图 7.16　E900 剖面计算模型

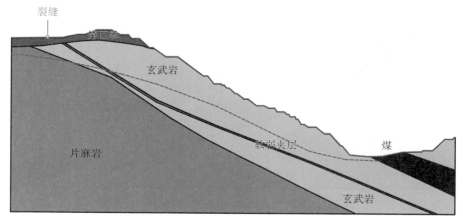

图 7.17　E1000 剖面计算模型

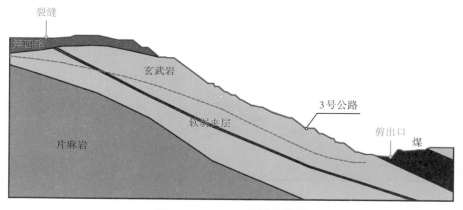

图 7.18　E1100 剖面计算模型

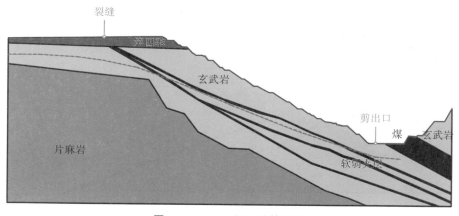

图 7.19　E1200 剖面计算模型

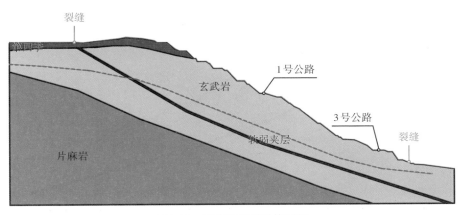

图 7.20　E1300 剖面计算模型

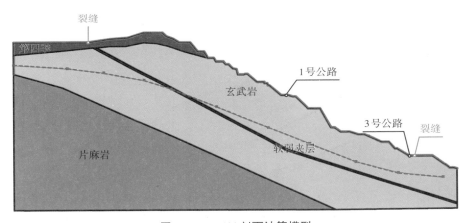

图 7.21　E1400 剖面计算模型

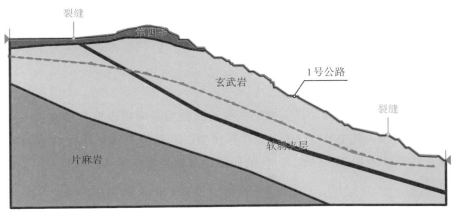

图 7.22　E1500 剖面计算模型

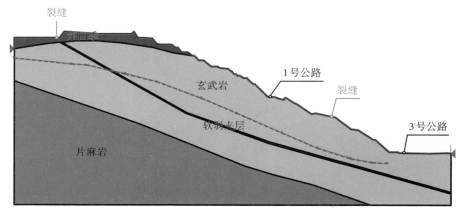

图7.23　E1600剖面计算模型

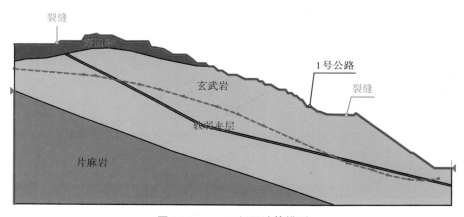

图7.24　E1700剖面计算模型

▶ 7.3　计算结果

　　根据上述选取的计算剖面的工程地质模型及南帮边坡各层位岩土物理力学性质，建立 GEO–SLOPE 计算模型，对治理前边坡稳定性进行计算，计算结果如表7.3所示，各剖面稳定系数计算结果如图7.25～图7.47所示。

表7.3 治理前边坡稳定性计算成果表

剖面	W500	W400	W300	W200	W100	EW0	E100	E200
F_s	1.03	0.99	0.98	0.98	1.01	0.99	1.0	0.99
剖面	E300	E400	E500	E600	E700	E800	E900	E1000
F_s	0.98	0.98	0.99	1.01	0.99	0.98	0.99	1.01
剖面	E1100	E1200	E1300	E1400	E1500	E1600	E1700	
F_s	0.99	0.99	1.03	1.05	1.12	1.10	1.38	

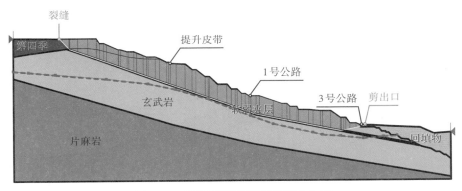

图7.25 W500剖面稳定性系数为1.03

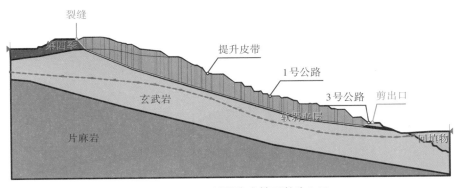

图7.26 W400剖面稳定性系数为0.99

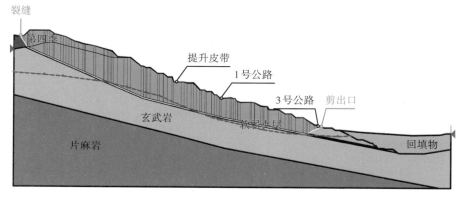

图 7.27　W300 剖面稳定性系数为 0.98

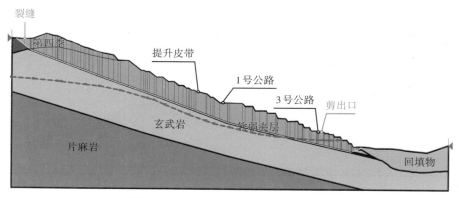

图 7.28　W200 剖面稳定性系数为 0.98

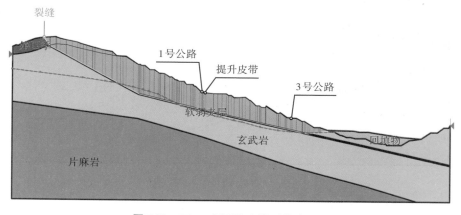

图 7.29　W100 剖面稳定性系数为 1.01

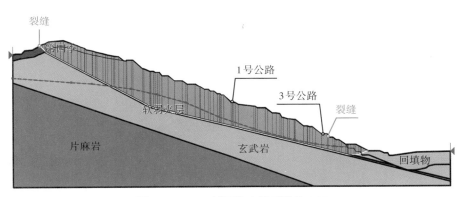

图7.30 EW0剖面稳定性系数为0.99

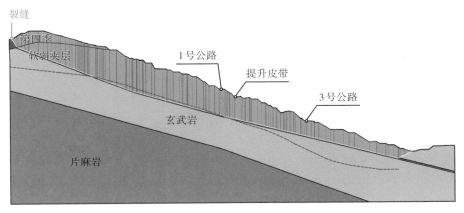

7.31 E100剖面稳定性系数为1.00

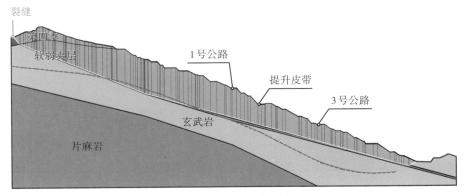

图7.32 E200剖面稳定性系数为0.99

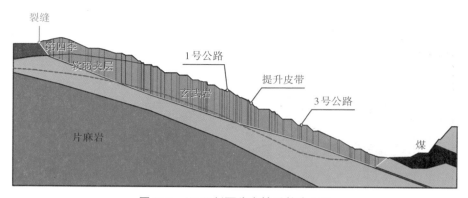

图 7.33　E300 剖面稳定性系数为 0.98

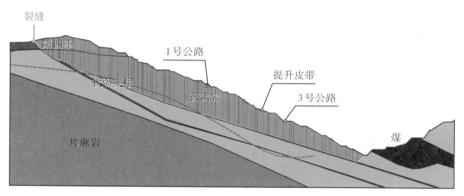

图 7.34　E400 剖面稳定性系数为 0.98

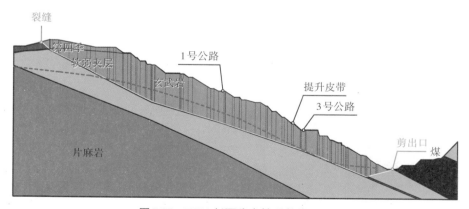

图 7.35　E500 剖面稳定性系数为 0.99

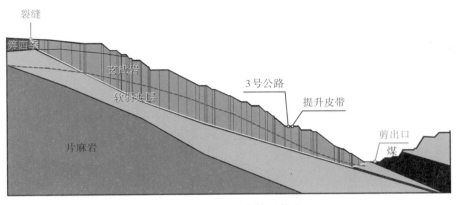

图 7.36 E600 剖面稳定性系数为 1.01

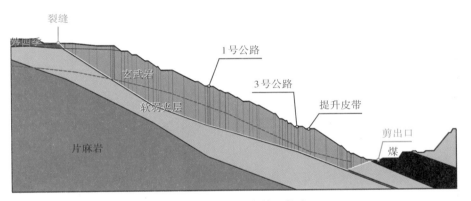

图 7.37 E700 剖面稳定性系数为 0.99

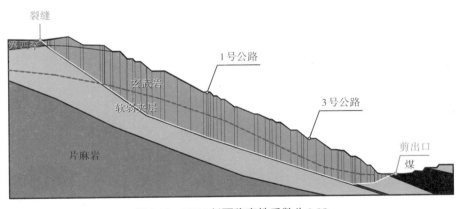

图 7.38 E800 剖面稳定性系数为 0.98

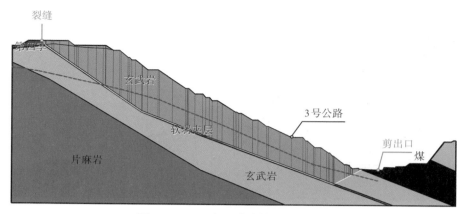

图 7.39 E900 剖面稳定性系数为 0.99

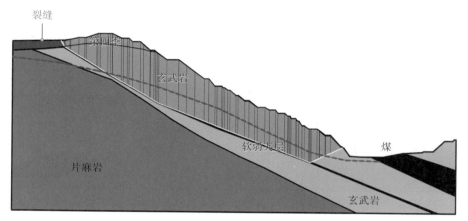

图 7.40 E1000 剖面稳定性系数为 1.01

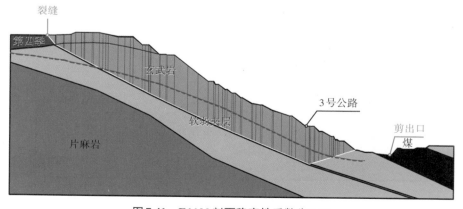

图 7.41 E1100 剖面稳定性系数为 0.99

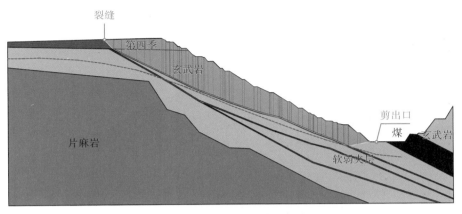

图 7.42   E1200 剖面稳定性系数为 0.99

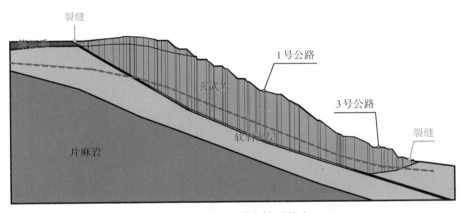

图 7.43   E1300 剖面稳定性系数为 1.03

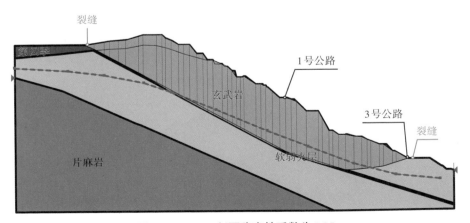

图 7.44   E1400 剖面稳定性系数为 1.05

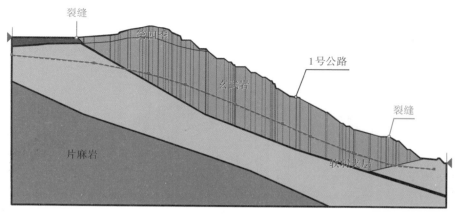

图 7.45　E1500 剖面稳定性系数为 **1.12**

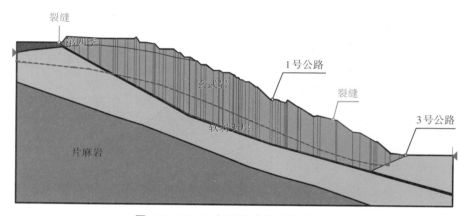

图 7.46　E1600 剖面稳定性系数为 **1.10**

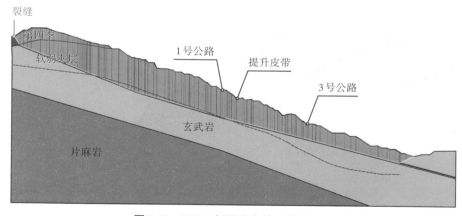

图 7.47　E1700 剖面稳定性系数为 **1.38**

》 7.4 稳定性分析与评价

　　根据上述边坡稳定性计算结果可知，南帮边坡各剖面稳定性系数分布在 1.0 附近，滑体东西两侧边界附近单剖面稳定性较好，在 1.0 之上，滑体中部稳定性较差，最小为 0.98，整体边坡稳定性系数略小于 1.0，处于不稳定状态。结合边坡雷达及 GPS 表面位移监测情况，南帮边坡仍处于整体匀速变形阶段，未见加速迹象与局部失稳异常区域。

8 蠕变-大变形高陡边坡综合防治技术研究

边坡整治总的原则是，以预防为主、避让与治理相结合和全面规划、突出重点。在以防为主的前提下，还须遵循以下几条具体原则：

预防与整治相结合的原则；

分期整治和单次根治相结合的原则；

宜早不宜晚的原则；

从实际出发，因地制宜的原则；

全面规划、统筹考虑的原则；

精心管理，加强观测的原则。

总而言之，对于西露天矿大变形滑坡体的防治应以预防为主，尽早治理并多措并举，同时合理管理治理后的工程，保障治理效果的长期性、持续性。

针对露天矿南帮边坡的实际情况，采用了"分区域、分区段""有效防水""调整采矿布局"等综合防治措施，主要包括以下内容：

对坑口油厂装置区采用抗滑桩加固工程，对相应裂缝带开展注浆工程；

地下水防治；

对主变形区域实施回填压脚工程；

采矿布局调整。

8.1 坑口油厂装置区抗滑桩加固工程

8.1.1 概述

坑口油厂位于南帮主滑体西边界外部（W600 ~ W1000）。通过405、406主皮带可以将西露天矿和东露天矿采出的油母页岩运至坑口油厂进行加工提炼，是西露天矿非常重要的经济来源。2013年以来，受南帮主滑体影响，厂区地表出现大量裂缝（如图8.1所示），已经威胁到油厂内的基础设施。

图8.1 滑体后缘边界及厂区裂缝

8.1.2 坑口油厂边坡稳定性分析与评价

8.1.2.1 稳定性计算

（1）南北向剖面

选取W600 ~ W1000五个剖面对油厂南北向稳定性进行数值计算，计算结果如表8.1所示，各剖面计算结果如图8.2 ~ 图8.6所示。

表8.1 油厂区域南北向剖面边坡稳定性计算结果

剖面	W600	W700	W800	W900	W1000
F_s	1.05	1.20	1.26	1.62	1.70

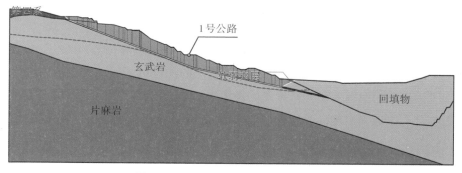

图8.2 W600剖面稳定性系数为1.05

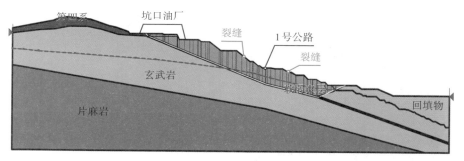

图8.3 W700剖面稳定性系数为1.20

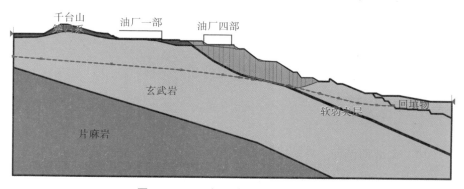

图8.4 W800剖面稳定性系数为1.26

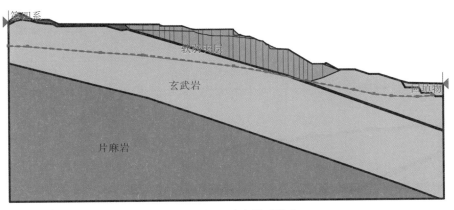

图8.5 W900剖面稳定性系数为1.62

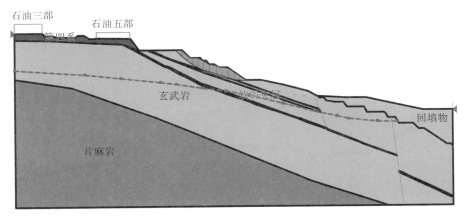

图8.6 W1000剖面稳定性系数为1.70

根据表8.1可以看出，除东侧W600剖面以外，油厂厂区边坡整体稳定性较好，稳定性系数均在1.20以上，说明油厂区域南北方向边坡自身是稳定的。而W600剖面，虽然单剖面稳定性系数大于1，但是不满足安全储备系数的要求，处于欠稳定状态。

（2）东西向剖面

在不考虑东侧主滑体影响的条件下，选取S500～S700三个剖面对油厂东西向稳定性进行数值计算，计算结果如表8.2所示，各剖面计算结果如图8.7～图8.9所示。由计算结果可以看出，在不受南帮侧边界影响的情况下，油厂厂区东西向边坡满足安全储备系数要求，稳定性较好。

表 8.2　油厂区域东西向剖面边坡稳定性计算结果

剖面	S500	S600	S700
F_s	1.39	1.30	1.26

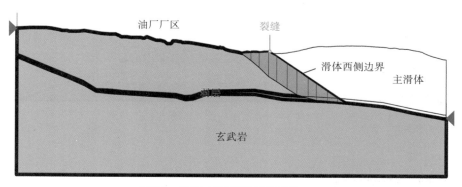

图 8.7　S500 剖面稳定性系数为 1.39

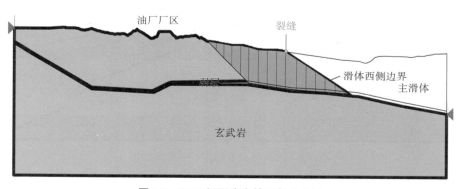

图 8.8　S600 剖面稳定性系数为 1.30

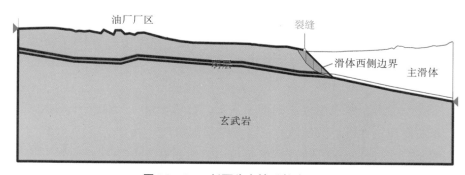

图 8.9　S700 剖面稳定性系数为 1.26

8.1.2.2 边坡表面位移监测

根据西露天矿GPS监测数据，2014年3月之前，W600剖面油厂区域基本无变形。进入3月，边坡位移急剧增大，日均北移160.9 mm；4月日均北移125.2 mm，比3月日均减小35.7 mm；W600观测线一号公路上部4月日均下沉55.4 mm，比3月减小11.8 mm，一号公路下部日均上升28.6 mm，比3月日均减小29.8 mm。

W700观测线位置，4月边坡日均北移3.2 mm，比3月日均减小1.2 mm；W700观测线一号公路上部日均下沉4.1 mm，比3月增加0.9 mm，一号公路日均下沉6 mm，比3月日均增加6.3 mm。

W800、W900和W1000剖面日均位移几乎为0。

8.1.2.3 油厂区域边坡稳定性评价

通过对油厂区域各剖面进行稳定性数值计算，并结合西露天矿GPS边坡表面位移监测数据综合分析，坑口油厂厂区主体稳定性较好，但东侧边界附近（W600）稳定性较差。随着南帮主滑体西侧边界的形成和贯通和解冻期南帮主滑体拖拉牵引的作用，W600观测线边坡表面位移急剧增加，导致厂区东部边界部分建（构）筑物已经被迫迁建。建议该区域合理布设监测点位，加强边坡位移监测，密切关注南帮主滑体对厂区边坡的影响范围和程度，并及时采取必要措施，保障坑口油厂的安全。

8.1.2.4 坑口油厂变形规律

严格来说，油厂厂区在南帮主滑体之外，厂区之所以发生变形、出现裂缝，原因主要有：

在南帮发生变形、出现下滑之时，由于两侧边界尚未形成，下滑应力势必传递到油厂厂区，使厂区出现裂缝；

当南帮滑体下滑到一定时期，主滑体西部边界逐渐形成。形成之后，主滑体的下滑给油厂厂区施加了拖拉力，使油厂厂区基础形成不均匀剪应力，地面出现少量剪张裂缝。

主滑体西侧滑面上部岩体在主滑体牵引下滑移坐落，是油厂基础岩体所受剪应力的主要来源。油厂变形的影响因素主要包括：

滑体对西部边界产生的拖拉力（滑托力）大小，如图8.10、图8.11所示；

滑体西部边界与油厂厂区的距离；

油厂厂区基础地质结构与力学强度。

滑体对滑面的摩擦力 F_2（图8.11）可按式（8.1）计算：

$$F_2 = \tan \varphi N = \gamma V \cos \alpha \tan \varphi \qquad (8.1)$$

式中，γ 为岩体平均容重；V 为西侧滑面上覆岩体的体积；α 为西侧滑面的滑面角；φ 为西侧滑面的摩擦角。

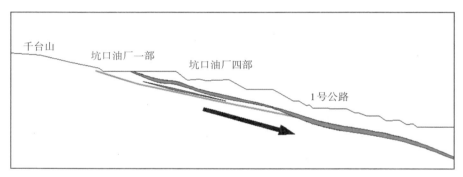

图8.10　油厂受主滑体拖拉力作用的W700剖面图

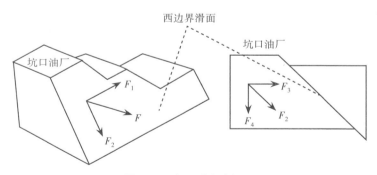

图8.11　油厂受力分析图

8.1.3　抗滑桩工程设计

鉴于治理工作的重要性和紧迫性，本着"边勘察、边设计、边施工"

的原则，于 2014 年 5 月初开始实施第一期抗滑桩加固工程。至 2014 年 7 月初，现场共布设抗滑桩 300 根，累计进尺 10538.55 m。抗滑桩平面布置如图 8.12 所示，与坑口油厂及主滑体西侧边界的三维空间关系如图 8.13 所示，抗滑桩施工钻孔深度统计如表 8.3 所示。

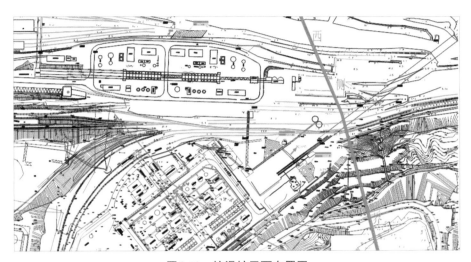

图 8.12 抗滑桩平面布置图

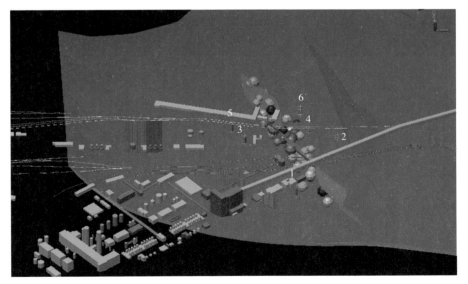

图 8.13 抗滑桩三维空间关系图

表8.3 抗滑桩施工钻孔深度统计表

编号	钻孔深度/m		
	标段1	标段2	
		区域1	区域2
1	92	75	57
2	83.6	37	56
3	80	76	54
4	80	50	53
5	80	33	85
6	79.2	31	45
7	90.5	76	52
8	82.6	39	52
9	83	37	55
10	83	36	45
11	80	34	44
12	78	50	0
13	82.6	41	41
14	80	50	0（未打）
15	80	38	39
16	80	36	38
17	80	34	85
18	77	84	0（未打）
19	80	42	56
20	82	41	55
21	82	39	54
22	78	37	53
23	78	50	0（未打）

表8.3（续）

编号	钻孔深度/m		
	标段1	标段2	
		区域1	区域2
24	76	50	50
25	76	50	0（未打）
26	80	41	47
27	78	39	46
28	75	38	45
29	75	50	43
30	80	47	0（未打）
31	80	46	41
32	97	44	40
33	79.8	42	57
34	79.8	40	56
35	79	45	55
36	93	50	53
37	79.2	48	52
38	93	50	51
39	78	45	49
40	78	43	48
41	76	41	47
42	75	52	45
43	73	50	44
44	73	48	43
45	77	47	59
46	76	45	58

表8.3（续）

编号	钻孔深度/m		
	标段1	标段2	
		区域1	区域2
47	75	44	57
48	74	54	57
49	73	50	54
50	77	51	53
51	76	50	57
52	75	48	50
53	74	46	49
54	74	44	47
55	77	57	46
56	77	55	45
57	76	53	61
58	75	52	60
59	74	50	58
60	74	48	58
61	77	47	53
62	77	58	57
63	76	50	54
64	75	54	52
65	75	52	51
66	77	51	50
67	77	49	48
68	76	47	47
69	75	60	62

表8.3（续）

编号	钻孔深度/m		
	标段1	标段2	
		区域1	区域2
70	75	58	61
71	77	57	60
72	77	55	58
73	77	53	57
74	76	52	56
75	76	50	54
76	76	62	53
77	77	61	52
78	77	59	51
79	77	57	63
80	76	56	62
81	76	54	60
82	77	52	59
83	77	50	58
84	77	65	56
85	77	63	55
86	77	61	54
87	77	60	53
88	77	58	61
89	77	56	57
90	74	55	52
91	77	53	42
92	77	67	51

表8.3（续）

编号	钻孔深度/m		
	标段1	标段2	
		区域1	区域2
93	77	66	42
94	90	64	85
95	77	62	63
96	77	60	62
97	77	58	61
98	77	84	60
99	77	55	58
100	95	54	64
101			62
102			61
103			58
104			57
105			57
106			85

8.1.4　抗滑桩工程效果评价

8.1.4.1　数值模拟

FLAC³ᴰ数值模拟软件在岩土体力学分析中运用越来越成熟，但是自身建模烦琐复杂。本次采用较为方便简捷的方法，通过CAD、ANSYS及FLAC³ᴰ三种软件相结合，实现了抗滑桩加固工程模型的建模。

为了分析南帮坑口油厂附近的抗滑桩工程治理效果，在S500～S850内每50 m选取一个典型剖面，采用CAD建立二维模型，如图8.14～图

8.21所示，图中黑色线为地表裂缝、粉色线为南帮西侧边界、红色线为地表线、蓝色线为弱层位置。在ANSYS中按1∶1比例建立模型并沿各个剖面向北延伸50 m，模型纵深为从标高 –100 m位置至地表，对形成的三维工程地质模型进行网格划分后导入FLAC³ᴰ软件，并进行数值模拟。各个块体给予岩体的拖拉力按照计算得到的抗滑桩数目进行加固，再将加固前后塑性破坏区的范围进行对比，如图8.22～图8.37所示。

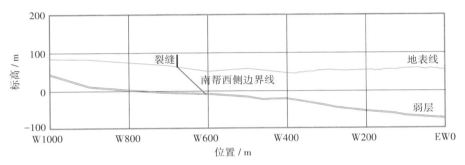

图8.14 南帮S500剖面图

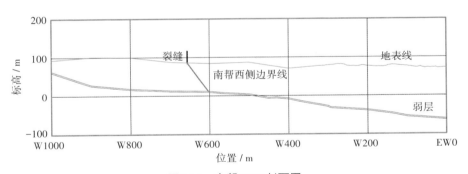

图8.15 南帮S550剖面图

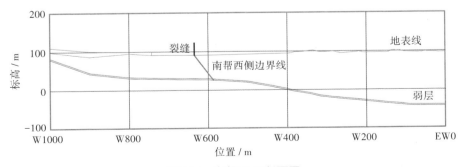

图8.16 南帮S600剖面图

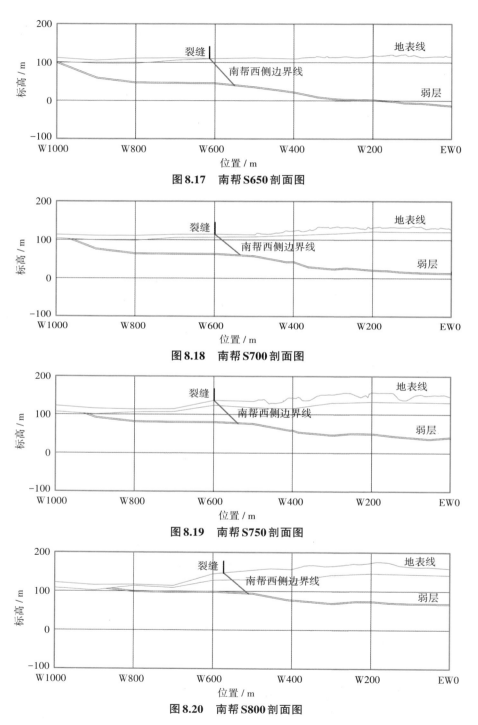

图 8.17　南帮 S650 剖面图

图 8.18　南帮 S700 剖面图

图 8.19　南帮 S750 剖面图

图 8.20　南帮 S800 剖面图

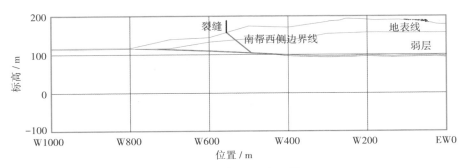

图 8.21 南帮 S850 剖面图

图 8.22 S500 ~ S550 区域加固前塑性破坏区范围

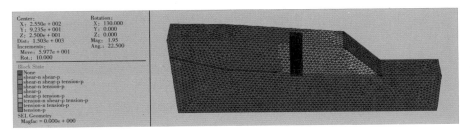

图 8.23 S500 ~ S550 区域加固后塑性破坏区范围

图 8.24 S550 ~ S600 区域加固前塑性破坏区范围

图 8.25　S550～S600 区域加固后塑性破坏区范围

图 8.26　S600～S650 区域加固前塑性破坏区范围

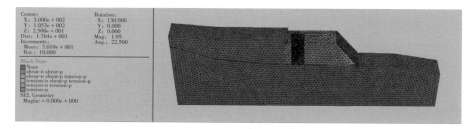

图 8.27　S600～S650 区域加固后塑性破坏区范围

图 8.28　S650～S700 区域加固前塑性破坏区范围

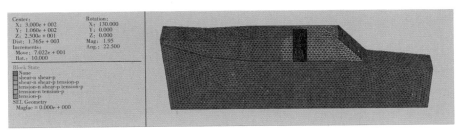

图 8.29　S650 ~ S700 区域加固后塑性破坏区范围

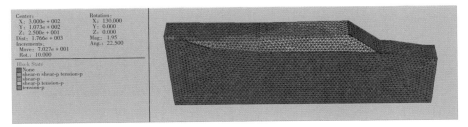

图 8.30　S700 ~ S750 区域加固前塑性破坏区范围

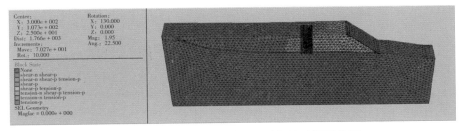

图 8.31　S700 ~ S750 区域加固后塑性破坏区范围

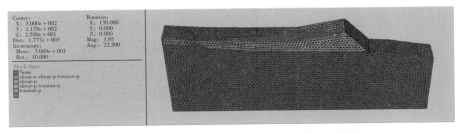

图 8.32　S750 ~ S800 区域加固前塑性破坏区范围

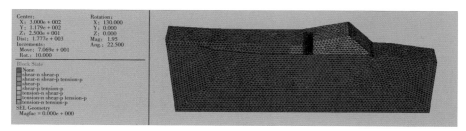

图 8.33　S750～S800 区域加固后塑性破坏区范围

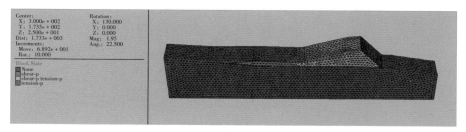

图 8.34　S800～S850 区域加固前塑性破坏区范围

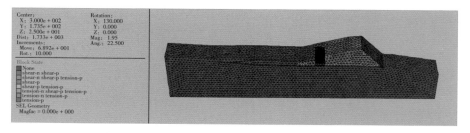

图 8.35　S800～S850 区域加固后塑性破坏区范围

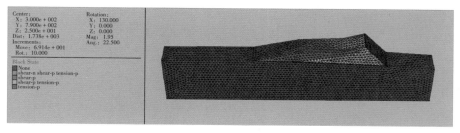

图 8.36　S850～S900 区域加固前塑性破坏区范围

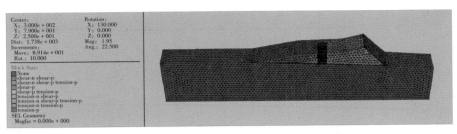

图8.37　S850～S900区域加固后塑性破坏区范围

从图8.22～图8.37可知，采用抗滑桩工程对坑口油厂装置区进行加固后，由于后侧岩体极大程度上承担了抗滑桩前侧岩体的破坏，研究区域塑性破坏区范围明显降低，抗滑桩加固工程发挥了良好的阻断作用。

8.1.4.2　地下位移监测

（1）监测仪器的选择

本次深部位移监测采用的测斜仪型号为CX-3C，主体设备如图8.38所示，处理软件如图8.39所示。将测量槽管布设于已经完成的钻孔中，当基坑、地基或边坡产生变形破坏时，测斜槽管随之产生变形，测斜探头将自上而下实现逐个测点的测试，进而可以准确获得水平位移量ΔX、ΔY，以这两个位移量的大小做出预报，指导施工。

图8.38　CX-3C型基坑测斜仪

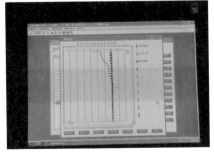

图8.39　测斜仪软件界面

（2）测点布置

本次监测工作在各施工分区分别下设监测点2个，合计监测点6个，如图8.40和图8.41所示。

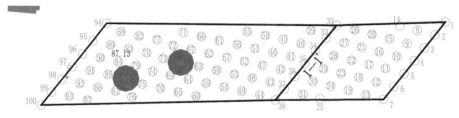

图8.40 标段1深部位移监测点

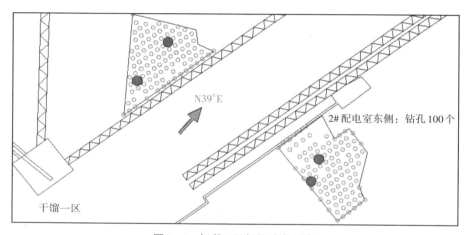

图8.41 标段2深部位移监测点

测管内槽由尺寸为6 m × 70 mm × 70 mm的方管拼接而成，必须保证内槽的一条对角线与边坡滑动方向一致，测斜管工作原理见图8.42。

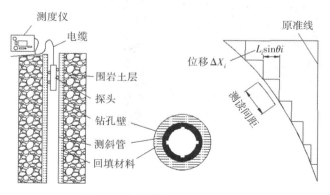

图8.42 测斜管工作原理示意图

（3）监测结果

抗滑桩一期加固工程于2014年7月10日竣工，当月17日水泥砂浆基本凝固后，对各分区的监测数据进行初始采集。当月24日，即抗滑桩加固工程结束的两周后，采集第一组地下位移监测数据。在对标段二区域1第58号监测孔的数据采集过程中，测斜仪探头顺利完成第一轮测试，在进行第二轮测试时，卡死在孔深46 m附近（该孔孔深52 m），抗滑桩如图8.43所示。本次测试表明：在深度约46 m处的抗滑桩受剪力作用发生了变形，表明抗滑桩工程起到了阻滑作用。

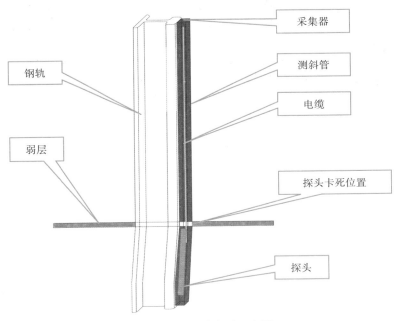

钢轨

弱层

采集器

测斜管

电缆

探头卡死位置

探头

图8.43 抗滑桩变形示意图

8.1.4.3　地表位移监测

如图8.44所示，在大变形体西侧边界的装置区布设5个可实施监测变形的GNSS监测点。其中，1#、2#、4#监测点位于抗滑桩治理工程加固范围内，3#、5#监测点位于加固范围之外。通过对一年的监测数据进行统计整理，结果见图8.45～图8.49。

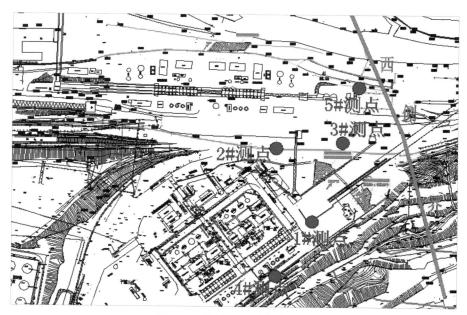

图8.44 装置区监测点布置图

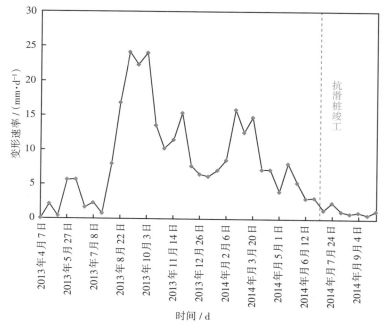

图8.45 1#监测点位移速率曲线图

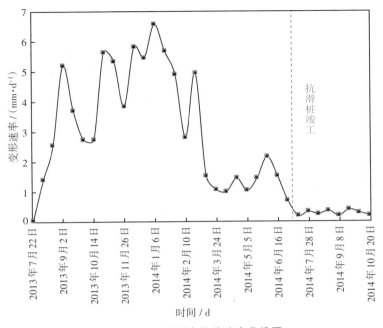

图8.46 2#监测点位移速率曲线图

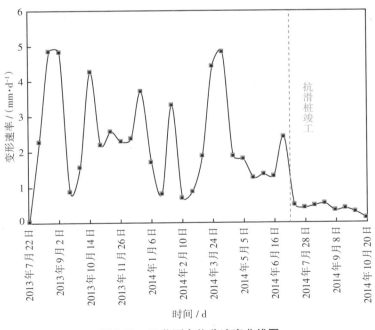

图8.47 4#监测点位移速率曲线图

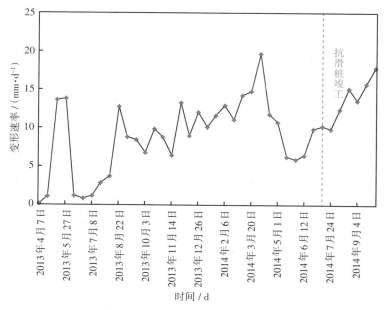

图 8.48　3# 监测点位移速率曲线图

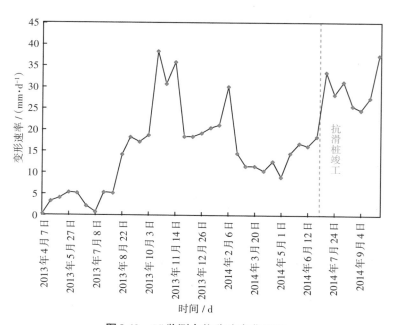

图 8.49　5# 监测点位移速率曲线图

图中红色虚线为坑口油厂装置区主体抗滑桩加固工程竣工日期（具体为 2014 年 7 月 10 日）。从图 8.45～图 8.47 可知，位于加固范围内的 1#、2#、4# 监测点，在抗滑桩加固工程结束后，位移速率均呈现不同程度的降低，各测点位移速率由施工前 5～15 mm/d 下降至施工后的 1 mm/d 以下。应指出的是，1# 测点更贴近南帮大变形边坡主滑体，较 2#、4# 监测点位移速率要大，最大位移速率达 24 mm/d。各监测点位移速率的降低，充分说明抗滑桩加固工程十分有效地遏制了装置区变形，很大程度上降低了南帮大变形边坡主滑体对装置区的不利影响。从图 8.48 和图 8.49 可知，3#、5# 两个监测点由于位于加固范围之外，位移速率均未出现明显下降，其中，3# 监测点反而有明显地上升趋势。更加接近南帮大变形边坡主滑体的 5# 监测点，最大位移速率更是达到了 38 mm/d。通过对加固工程施工前后 3# 和 5# 监测点的监测数据分析可知，抗滑桩加固工程以外的区域变形仍受南帮大变形边坡主滑体的影响。图 8.50 为南帮边坡位移速率曲线图。从图中可以看出自 2014 年 9 月后，南帮整体位移速率呈现减小趋势，但是 3# 和 5# 监测点位移速率未明显下降，说明抗滑桩加固工程范围外的区域并未随着南帮位移速率的降低而下降。

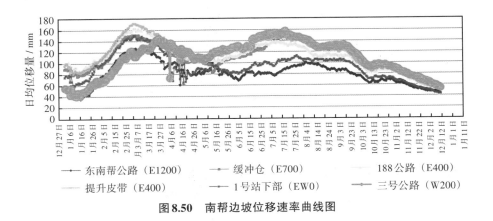

图 8.50　南帮边坡位移速率曲线图

8.1.4.4　现场变形形迹特征

为验证抗滑桩加固效果，在数值模拟、GNSS 监测及地下位移监测的基础上，还开展了现场实际变形行迹特征的取证验证工作。图 8.51～图 8.57 分别为抗滑桩加固范围内四五部内部道路，四五部东侧道路，四五部内部地表，四五部地表，二部厂区，原2#配电室西侧地表及皮带道下方加固前、后现场效果。由坑口油厂现场实际变形形迹特征可以看出，抗滑桩加固范围内，地表裂缝及破坏经处理后，地表未再形成新的裂缝及破坏。如图8.58和图8.59所示抗滑桩加固范围外现场结果显示，南帮大变形滑坡体与抗滑桩未加固区域的变形仍在加剧恶化。

（1）抗滑桩加固范围内

（a）治理前　　　　　　　　　　　　　（b）治理后

图8.51　四五部内部道路治理效果

（a）治理前　　　　　　　　　　　　　（b）治理后

图8.52　四五部东侧道路治理效果

（a）治理前　　　　　　　　　　　　　（b）治理后

图8.53　四五部内部地表治理效果

（a）治理前

（b）治理后

图8.54　四五部地表治理效果

（a）治理前

（b）治理后

图8.55　二部厂区治理效果

（a）治理前

（b）治理后

图8.56　原2#配电室西侧地表治理效果

（a）治理前

（b）治理后

图8.57　皮带道下方治理效果

（2）抗滑桩加固范围外

（a）治理前　　　　　　　　　　　（b）治理后

图8.58　四五部东侧区域治理效果

（a）治理前　　　　　　　　　　　（b）治理后

图8.59　一二部东侧区域治理效果

▶ 8.2　地下水防治

　　南帮边坡疏排水设施随着大变形的持续而产生严重破损，若不能及时修复并完善疏排水系统，保证汛期正常排水，汛期汇水易形成泥石流，掩埋坑下生产设施，威胁露天矿安全生产，重则造成生产中断。

（1）矿坑上部千台山裂缝回填密实工程

　　为了减少汛期千台山山体汇水进入裂缝导致矿坑南帮变形加剧，抚顺矿业集团有限责任公司于2013年5月18日起组织人员对千台山裂缝进行了全面检查，通过全面勘察测绘裂缝分布范围，制订了回填实施方案。按照方案就地取材，将裂缝填满夯实，并形成与山体自然坡度一致的北高南低斜坡，使山体汇水能顺利流到山下水沟内。2013年、2014年共计填埋裂缝7000延长米，累计平整土方工程量20余万 m³。

（2）矿坑内南帮变形区防汛系统建设工程

根据南帮变形区地形汇水关系，为防止汛期地表水浸入，做好拦截和排放疏导工作，已经规划完成南帮变形区西五干线水沟改造工程，皮带提升系统水沟恢复工程，1# ~ 3#公路挡墙、水沟及水池恢复等工程，新建和恢复水沟1200 m，接设管路1500 m，坑下新建主排水泵站1座，并搬迁了千台山水厂。

》**8.3 内排回填压脚工程**

内排回填压脚是通过堆载反压的方式增大边坡的整体阻滑力，以使滑坡体保持稳定的关键防治技术。压脚的回填物不能堆置在边坡的下滑段，应尽量堆填于抗滑段的鼓胀区（在抗滑段与下滑段分界线与剪出位置之间），最大限度地发挥堆载阻滑作用。根据图5.34中D-InSAR和MAI矿区滑坡遥感监测结果，红色越深的区域，表示鼓胀越严重。红色虚线范围内为底鼓区域，可以明显地看出，滑体东西两侧，尤其是坑底位置底鼓较为严重，应作为重点压脚位置。但受采矿条件限制，滑体东侧上部暂时不采取压脚措施，主要压脚区域为图中黑色虚线所圈范围。

8.3.1 南帮回填压脚施工方案设计

在综合研究西露天矿南帮大变形边坡的变形破坏规律和地下水压变化规律后，将内排回填压脚工程总体规划为两个区域三个阶段。首先，为控制南帮总体变形并保证坑底煤层的开采需求，将内排回填压脚工程分为东、西部两个区域；之后，考虑露天矿现有运输排土能力，结合地下水压对南帮大变形边坡稳定性的影响，制定随季节变化的三个回填压脚阶段，分别为：

第一阶段：2013年雨季来临前的4月1日—6月30日，此时，矿区水压逐渐减小；

第二阶段：2013年雨季7月1日—9月30日，矿区范围内水压逐渐增大；

第三阶段：2013年雨季结束后的10月1日—2014年6月30日，矿区水压又逐渐减小。

8.3.2 南帮回填压脚治理方案

（1）第一阶段治理方案（2013年4—6月）

2013年雨季来临前，南帮边坡回填量为236万 m³。–309泵站拆除前，回填区域为E900～E1200至–278 m水平，回填量80万 m³，日均回填量为2.5万 m³/d，回填至2013年4月末结束；–309泵站拆除后，回填区域为E900～E1300至–262 m水平，回填量156万 m³，日均回填量为2.5万 m³/d，回填至2013年6月末结束。

（2）第二阶段治理方案（2013年7—9月）

经过两个多月的内排回填压脚，南帮变形区（东部区域）回填量达170余万 m³，加之边坡地下水位降低，南帮变形区位移速率值已经由2013年3、4月的20 mm/d以上降至同年6月末的12 mm/d左右（如图8.60所示），位移速率的下降主要集中在4月份解冻期。进入5月份之后，位移速率基本稳定在10～15 mm/d。

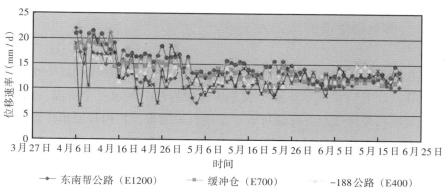

图8.60 南帮边坡重点位置位移速率历时曲线

变形区位移速率曲线显示，南帮大变形边坡仍处于极限平衡状态，属于"定常蠕动变形"阶段，边坡危害始终存在。并且，随着南帮边坡的持续变形，南帮边坡岩体逐步受到损伤，岩体强度和边坡稳定性进一步降低。因此，建议加大内排回填压脚力度，并即刻开展西部区域内排回填压脚工程。

第一阶段的东部区域回填压脚完成后，初显成效，接下来将根据露天矿的生产运输能力和南帮关键回填区域，制订第二阶段内排回填压脚施工方案。

（3）第三阶段治理方案（2013年9月—2014年6月）

该阶段的治理工程于2013年3月17日开始进行，截至同年9月10日历时近6个月，完成内排回填压脚工作量289万 m³（日均1.6万 m³/d），有效抑制了变形的发展，但变形尚未停止，南帮岩体位移还在继续（目前每天平均位移速率60 mm）。考虑到需加快降低南帮大变形边坡变形速率，需进一步加快内排回填压脚速度。经过矿业集团研究讨论，决定调动全部力量加大内排回填压脚力度，最终在2014年雨季来临前完成总回填量为590万 m³的压脚工程。该回填压脚工作量对于南帮的变形治理起着至关重要的作用。

》**8.4 南帮滑体综合治理效果及最新进展**

在对西露天矿南帮大变形边坡进行综合治理之后，为确保边坡变形得到有效的抑制，选取东南帮公路（E1200）、–188（E400）、提升皮带（E400）、1号站下部（EW0）、三号公路（W200）等几个重点区域进行监测，并每日上报各个重点区域的位移变化情况。通过记录、整理2013年4月—2015年3月内各重点区域的日均位移变化数据，绘制出日均位移曲线，如图8.61所示。

从图8.61可以看出，2014年7月—2015年3月，经历7个月，南帮重点区域日均位移曲线呈现减速变化趋势，位移变化速率从140 mm/d大幅回落至10 mm/d以下，之后趋于平稳。随后露天矿逐步恢复正常生产，南帮大变形体下部内排及时跟进。2017年5月以后，南帮边坡大变形体佳化厂北侧边缘（GPS0-4#测点），锅炉房北侧150 m山上（GPS1-4#测点）、E1200测线、-100标高（GPS0-6#测点），E400测线、-100 m标高（GPS1-6#测点），E1200测线、-200 m标高（GPS0-7#测点）及E400测线、-200 m标高（GPS1-7#测点）6个GPS监测点位移变化总量趋于稳定，日变形量逐渐趋于0，表明南帮大变形边坡恢复稳定，如图8.62所示。

通过图8.61不难看出，在整个监测周期内，南帮边坡出现加速变形的时间段集中出现在7、8月的雨季和2、3月的冻融期，这两个时段内边坡变形速率均出现急剧增大的情况。这一规律适用于该矿其他区域边坡的防治工作，也同样适用于具备相似环境因素（具备一定的降雨期和冻融期）的露天煤矿的边坡防治工程。在每年的监测工作中，应将监测重点放在雨季和冻融期，加强监测力度，提前做好防范措施及预警工作，进而为露天矿生产提供安全保障。

应当指出的是，南帮大变形边坡恢复稳定以后，以SSR边坡稳定雷达为主的监测技术仍服务于抚顺西露天矿，监测范围由南帮大变形体转向北帮复杂地质构造区。截至目前，已经成功实现临滑预警2次，均在24 h以内向露天矿技术人员发出预警，使矿方及时撤出滑坡体影响范围内的人员及设备，进一步保障了露天矿的安全生产。

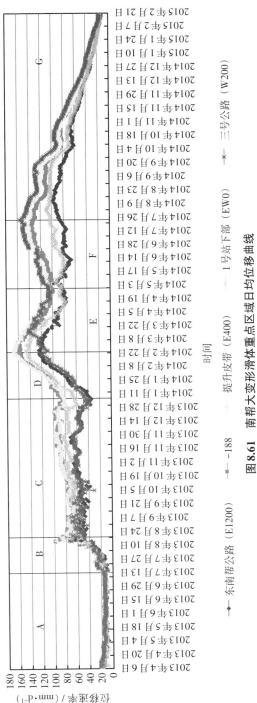

图8.61 南帮大变形滑体重点区域日均位移曲线

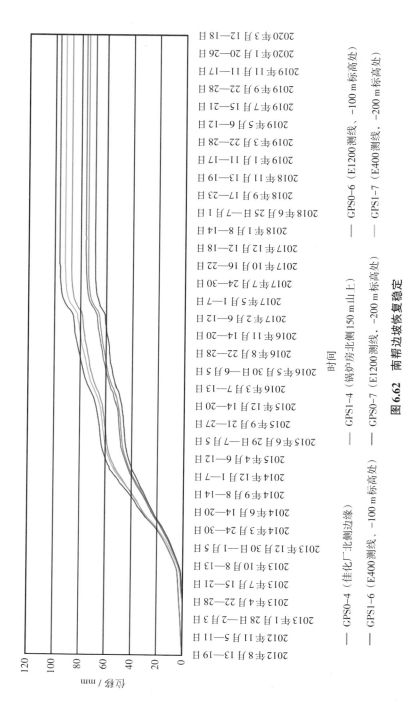

图6.62 南帮边坡恢复稳定

参考文献

［1］刘雄. 岩石流变学概论［M］. 北京：地质出版社，1994.

［2］GRIGGS D. Creep of rocks［J］. The journal of geology，1939，47（3）：225-251.

［3］MARANINI E，BRIGNOLI M. Creep behaviour of a weak rock：experimental characterization［J］. International journal of rock mechanics and mining sciences，1999，36（1）：127-138.

［4］JAMSAWANG P，BOATHONG P，MAIRAING W，et al. Undrained creep failure of a drainage canal slope stabilized with deep cement mixing columns［J］. Landslides，2016，13（5）：939-955.

［5］HADISEH M，RASSOUL A. Mechanical behavior of salt rock under uniaxial compression and creep tests［J］. International journal of rock mechanics and mining sciences，2018，110：19-27.

［6］PENG G，CHEN Z Q，CHEN J R，Research on rock creep characteristics based on the fractional calculus meshless method［J］. Advances in civil engineering，2018，8：1-6.

［7］TOMANOVIC Z M，MILADINOVIC B，ZIVALJEVIC S. Criteria for defining the required duration of a creep test［J］. Canadian geotechnical journal，2014，52（7）：883-889.

［8］ZHANG H，ZHAO H B，ZHANG X Y，et al. Creep characteristics and model of key unit rock in slope potential slip surface［J］. International journal of geomechanics，2019，19（8）：1-14.

［9］陈宗基，康文法，黄杰藩. 岩石的封闭应力、蠕变和扩容及本构方

程 [J]. 岩石力学与工程学报，1991，10（4）：299−312.

[10] 姚远，简文星，李立辰，等. 含缓倾软弱夹层的矿山高边坡长期稳定性分析 [J]. 长江科学院院报，2018，35（8）：112−116.

[11] 刘干，张晓敏，李晓俊，等. 弱层蠕变对边坡稳定性的影响 [J]. 露天采矿技术，2019，34（2）：56−58.

[12] 高芳芳. 阿勒山露天煤矿边坡层间薄层滑带土蠕变特性研究 [J]. 煤矿安全，2019，50（3）：57−60.

[13] 廖珧云，王卫，高扬. 滑带土蠕变特性试验研究 [J]. 成都大学学报（自然科学版），2016，35（1）：90−94.

[14] 张浴阳，巨能攀，周新. 倾倒变形边坡层间破碎带土体三轴蠕变试验研究 [J]. 科学技术与工程，2016，16（1）：232−236.

[15] 左巍然，刘平. 炭质页岩蠕变特性及软弱夹层边坡稳定性分析 [J]. 湖南交通科技，2014，40（3）：1−4.

[16] 戴祺云，费大军. 某水电站边坡岩体现场压缩蠕变特性研究 [J]. 四川水力发电，2017，36（1）：56−59.

[17] 周晓飞，孙金山，刘贵应，等. 基于幂函数的边坡岩体泥质夹层长期强度直剪蠕变试验研究 [J]. 安全与环境工程，2018，25（1）：6−11.

[18] 秦哲，付厚利，程卫民，等. 水岩作用下露天坑边坡岩石蠕变试验分析 [J]. 长江科学院院报，2017，34（3）：85−89.

[19] 赵静. 河道边坡滑动蠕变状态下强度参数反演计算的研究与应用 [J]. 水利技术监督，2017，25（2）：131−134.

[20] 刘康琦，刘红岩，祁小博. 基于强度折减法的土石混合体边坡长期稳定性研究 [J]. 工程地质学报，2020，28（2）：327−334.

[21] 王淑豪，林晓艺，纪海艳，等. 典型红砂岩的蠕变特性研究 [J]. 三明学院学报，2018，35（6）：13−18.

[22] 唐佳，彭振斌，何忠明. 基于岩体蠕变试验的 Burgers 改进模型 [J]. 中南大学学报（自然科学版），2017，48（9）：2414−2424.

[23] 周军，邓厦清，张佳顺. 受锚边坡的稳定性分析 [J]. 时代农机，2018，45（6）：176，208.

［24］赵洪宝，李华华，王中伟. 边坡潜在滑移面关键单元岩体裂隙演化特征细观试验与滑移机制研究［J］. 岩石力学与工程学报，2015，34（5）：935-944.

［25］王如宾，徐卫亚，孟永东，等. 锦屏一级水电站左岸坝肩高边坡长期稳定性数值分析［J］. 岩石力学与工程学报，2014，33（S1）：3105-3113.

［26］YANG T H，XU T，LIU H Y，et al. Rheological characteristics of weak rock mass and effects on the long-term stability of slopes［J］. Rock mechanics and rock engineering，2014，47（6）：2253-2263.

［27］CHANG K T，GE L，LIN H H. Slope creep behavior：observations and simulations［J］. Environmental earth sciences，2015，73（1）：275-287.

［28］ZHU Y B，YU H M. Unsaturated creep behaviors of weak intercalated soils in soft rock of Badong formation［J］. Journal of mountain science，2015，12（6）：1460-1470.

［29］SUN M J，TANG H M，et al. Creep behavior of slip zone soil of the Majiagou landslide in the Three Gorges area［J］. Environmental earth sciences，2016，75（16）：1199.

［30］LIN S S，LO C M，LIN Y C. Investigating the deformation and failure characteristics of argillite consequent slope using discrete element method and Burgers model［J］. Environmental earth sciences，2017，76（2）：81.

［31］WANG X G，YIN Y P，WANG J D，et al. A nonstationary parameter model for the sandstone creep tests［J］. Landslides，2018，15（7）：1377-1389.

［32］ZHAO N H，HU B，YAN E C，et al. Research on the creep mechanism of Huangniba landslide in the Three Gorges Reservoir area of China considering the seepage-stress coupling effect［J］. Bulletin of engineering geology and the environment，2019，78（6）：4107-4121.

［33］WANG J D，WANG X G，ZHAN H B，et al. A new superlinear visco-plastic shear model for accelerated rheological deformation［J］. Computers and geotechnics，2019，114：1–10．

[34] BRUNNER F K，HARTINGER H，RICHTER B. Continuous monitoring of landslides using GPS：a progress report［EB/OL］．Engineering Surveying and Metrology，Technical University Graz，http：//www.ivm. tu-graz.ac.at，2000：1–25．

[35] GILI J A，COROMINAS J，RIUS J. Using global positioning system techniques in landslide monitoring［J］．Engineering geology，2000，55（3）：167–192．

[36] SQUARZONI C，DELACOURT C，ALLEMAND P. Differential single-frequency GPS monitoring of the La Valette landslide（French Alps）［J］．Engineering geology，2005，79（3–4）：215–229．

[37] 韩静．BDS/GPS相对定位算法研究及其在滑坡监测中的应用［D］．西安：长安大学，2017．

[38] 门夫．北斗高精度技术在滑坡场景安全监测方案［J］．建设科技，2016（6）：42–44．

[39] 赵守生，刘明坤，周毅．北京市地面沉降监测网建设［J］．城市地质，2008，3（3）：40–44．

[40] 高艳龙，郑智江，韩月萍，等．GNSS连续站在天津地面沉降监测中的应用［J］．大地测量与地球动力学，2012（5）：26–30．

[41] 熊福文，朱文耀，李家权．GPS技术在上海市地面沉降研究中的应用［J］．地球物理学进展，2006，21（4）：1352–1358．

[42] 张勤，丁晓光，黄观文，等．GPS技术在西安市地面沉降与地裂缝监测中的应用［J］．全球定位系统，2008（6）：44–49．

[43] GABRIEL A K，GOLDSTEIN R M，ZEBKER H A. Mapping small elevation changes over large areas：differential radar interferometry［J］．Journal of geophysical research solid earth，1989，94（B7）：9183–9191．

[44] 何平，许才军，温扬茂，等．时序InSAR的误差模型建立及模拟研究［J］．武汉大学学报（信息科学版），2016，41（6）：752–758．

[45] 林昊．基于D-InSAR和Offset Tracking技术的滑坡形变场提取研究［D］．北京：中国地质大学，2014．

［46］靳国旺．InSAR 获取高精度 DEM 关键处理技术研究［D］．郑州：解放军信息工程大学，2007．

［47］田馨，廖明生．InSAR 技术在监测形变中的干涉条件分析［J］．地球物理学报，2013，56（3）：812-823．

［48］敖萌，张勤，赵超英，等．改进的 CR-InSAR 技术用于四川甲居滑坡形变监测［J］．武汉大学学报（信息科学版），2017，42（3）：377-383．

［49］杨红磊，彭军还，崔洪曜．GB-InSAR 监测大型露天矿边坡形变［J］．地球物理学进展，2012，27（4）：1804-1811．

［50］李如仁，杨震，余博．GB-InSAR 集成 GIS 的露天煤矿边坡变形监测［J］．测绘通报，2017（5）：26-30．

［51］王天宇，李建刚，骆华春．GB-InSAR 技术在边坡形变监测中的应用［J］．北京测绘，2019，33（11）：1421-1424．

［52］尼尔·哈里斯．露天矿边坡稳定性雷达监测技术［J］．中国煤炭，2009，35（5）：116-117．

［53］赵健存，章亮．SSR 边坡稳定雷达在抚矿集团西露天矿的应用［J］．内蒙古煤炭经济，2018（4）：51-52．

［54］李兵权，李永生，姜文亮，等．基于地基真实孔径雷达的边坡动态监测研究与应用［J］．武汉大学学报（信息科学版），2019，44（7）：1093-1098．

［55］王斐，马彦辉，郭玉祥．SSR-X 在露天矿边坡稳定性监测中的应用研究［J］．河南城建学院学报，2012，21（6）：37-40．

［56］廉旭刚，蔡音飞，胡海峰．我国矿山测量领域三维激光扫描技术的应用现状及存在问题［J］．金属矿山，2019（3）：35-40．

［57］夏金周．移动式三维激光扫描技术在地铁隧道变形监测中的应用研究［D］．南京：东南大学，2019．

［58］钟涛．基于三维激光扫描测量技术的露天矿山变形监测研究［J］．科技与创新，2015（15）：141．

［59］常明，潘荔君，孟宪纲，等．基于三维激光扫描仪的边坡形变监测研究［J］．大地测量与地球动力学，2019，39（5）：97-101．

［60］刘钰，袁曼飞. 基于3D激光扫描技术的露天矿边坡监测分析研究
［J］. 中国锰业，2019，37（4）：86-89.

［61］OHNISHI Y，NISHIYAMA S，YANO T，et al. A study of the application of digital photogrammetry to slope monitoring systems［J］. International journal of rock mechanics and mining sciences，2006，43（5）：756-766.

［62］MATORI A N，MOKHTAR M R M，CAHYONO B K，et al. Close- range photogrammetric data for landslide monitoring on slope area［C］//2012 IEEE Colloquium on Humanities，Science and Engineering Research. kote Kinabalu，Sabah，Malaysia，2012：398-402.

［63］AKCA D. Photogrammetric monitoring of an artificially generated shallow landslide［J］. Photogrammetric record，2013，28（142）：178-195.

［64］项鑫，王艳利. 近景摄影测量在边坡变形监测中的应用［J］. 中国煤炭地质，2010，22（6）：66-69.

［65］刘志奇，李天子，刘昌华，等. 基于单像近景摄影测量的滑坡裂缝探测方法［J］. 金属矿山，2018（8）：108-113.

［66］SAITO M. Forecasting the time of occurrence of a slope failure［C］//Proceedings of the 6th International Conference on Soil Mechanics and Foundation Engineering. Oxford：Pergamon Press，1965：537-541.

［67］李明华. 滑坡模型实验概况及其展望［J］. 中国科学院地学情报网网讯，1986（4）：28-33.

［68］SUWA H，MIZUNO T，ISHII T. Prediction of a landslide and analysis of slide motion with reference to the 2004 Ohto slide in Nara，Japan［J］. Geomorphology，2010，124（3-4）：157-163.

［69］BRAWNER C O，STACEY P F. Chapter 21-hogarth pit slope failure，ontario，Canada［J］. Development in geotechnical engineering，1979，14（Part B）：691-707.

［70］李天斌. 滑坡实时跟踪预报概论［J］. 中国地质灾害与防治学报，2002（4）：19-24.

［71］王年生. 一种滑坡位移动力学预报方法探讨［J］. 西部探矿工程，

2006，18（6）：269-271.

[72] 栾婷婷，谢振华，张雪冬. 露天矿山高陡边坡稳定性分析及滑坡预警技术［J］. 中国安全生产科学技术，2013，9（4）：11-16.

[73] 王秋明，蔡辉军. 滑坡监测数据处理预报软件研究及应用［J］. 水力发电，1998（4）：49-51.

[74] 李秀珍，许强，刘希林. 基于GIS的滑坡综合预测预报信息系统［J］. 工程地质学报，2005，13（3）：398-403.

[75] 崔巍，王新民，杨策. 变权组合预测模型在滑坡预测中的应用［J］. 长春工业大学学报，2009，28（6）：611-614.

[76] AZARAFZA M，ASGHARI-KALJAHI E，AKGUN H. Assessment of discontinuous rock slope stability with block theory and numerical modeling：a case study for the South Pars Gas Complex，Assalouyeh，Iran［J］. Environmental earth sciences，2017，76（10）：1-15.

[77] 吴瑞安. 岷江上游古滑坡复活机理与危险性评价［D］. 北京：中国地质科学院，2019.

[78] 张赛飞. 陕南某岩质边坡滑坡监测预警研究［D］. 西安：长安大学，2019.

[79] 陈悦丽，赵琳娜，王英，等. 降雨型地质灾害预报方法研究进展［J］. 应用气象学报，2019，30（2）：142-153.

[80] 麻凤海，陈霞，季峰，等. 滑坡预测预报研究现状与发展趋势［J］. 徐州工程学院学报（自然科学版），2018，33（2）：30-33.

[81] 吴开岩. 多点灰色变形分析与预报方法研究［D］. 成都：西南交通大学，2017.

[82] 张香斌. 滑坡稳定性分析与预测技术研究［D］. 北京：中国地质大学，2018.

[83] 张廷国. 顺层滑移路堑边坡分析与治理方法研究［J］. 建材与装饰，2016（25）：268-269.

[84] 祝李京，张能，操抗. 地铁车站基坑边坡滑移分析及处理［J］. 中华建设，2019（9）：118-119.

[85] 王颖. 某在建高速公路地质滑移处治方案［J］. 北方交通，2018

（11）：50-52.

[86] 李晨. 某山区城市道路路堑高边坡加固方案研究 [J]. 城市道桥与防洪，2018（10）：52-55.

[87] 王壮，李驰，丁选明. 基于透明土技术土岩边坡滑移机理的模型试验研究 [J]. 岩土工程学报，2019，41（S2）：185-188.

[88] 莫忠海. 双排抗滑桩处治路堑顺层边坡的探讨 [J]. 低碳世界，2019，9（5）：219-220.

[89] 龚放，白志勇. 秀松高速公路路堑高边坡应力状态与防护措施研究 [J]. 公路工程，2018，43（6）：151-156.

[90] 兰素恋，李侑军，谭毅，等. 降雨条件下某软岩边坡滑移机理及处理研究 [J]. 河南城建学院学报，2017，26（3）：24-29.

[91] 夏开宗，刘秀敏，陈从新，等. 考虑突变理论的顺层岩质边坡失稳研究 [J]. 岩土力学，2015，36（2）：477-486.

[92] 李海亮，李振林，黄瑞泉，等. 露天转地下开采边坡滑移产生地压灾害的预防与控制 [J]. 中国矿山工程，2016，45（5）：16-21.

[93] 乔平. 某电站进厂交通洞边坡失稳滑移问题 [J]. 科技创新与应用，2015（2）：147.

[94] 姜许辉，李协能. 顺层与外倾滑移组合边坡的分析和治理 [J]. 土工基础，2017，31（5）：591-593.

[95] 王飞. 滑移岩石边坡治理的稳定性分析 [J]. 低碳世界，2013（14）：92-93.

[96] 白霖，蔡俊宇. 220 kV变电所边坡滑移处理方案 [J]. 云南电力技术，2016，44（S2）：160-161.

[97] 杨晓法，王剑琳. 浅谈宁波甬台温高速公路：边坡滑移工程的应急处置 [J]. 浙江交通职业技术学院学报，2014，15（1）：21-25.

[98] 张金贵. 露天煤矿工作帮边坡破坏模式及稳定性控制研究 [J]. 煤炭工程，2019（9）：132-135.

[99] 熊超，赵鹏，武超，等. 岩溶区层状岩质基坑边坡变形机制及治理分析：以天生三桥为例 [J]. 科学技术与工程，2019，19（29）：260-265.

［100］张安适，魏迎东. 板岩地区隧道洞口边仰坡滑塌原因及治理措施研究［J］. 四川水泥，2019（10）：345-346.

［101］何发龙，何柏华，阳永红. 大源灌渠胡家段滑坡地质灾害治理及渠道修复工程分析［J］. 湖南水利水电，2019（5）：36-38.

［102］侯珍珠，杨鹏，王梓帆，等. 巫山县老林场安置点边坡稳定性及工程治理［J］. 价值工程，2019，38（20）：181-184.

［103］绳培，张伟，李亚伟，等. 杨家岭软硬互层高边坡稳定性分析与治理对策［J］. 勘察科学技术，2019（3）：29-33.

［104］方明慧. 微型抗滑桩在边坡滑坡治理中的运用［J］. 居舍，2019（10）：38-39.

［105］陈斌，杨朝云，周鹭，等. 某露天矿边坡滑塌治理方案［J］. 铜业工程，2019（1）：97-100.

［106］张劲松，崔向雷，李贤. 麻昭高速公路顺层岩质边坡变形机制分析及治理措施研究［J］. 公路交通科技（应用技术版），2019，15（2）：109-111.

［107］ZHANG M，NIE L，XU Y，et al. A thrust load-caused landslide triggered by excavation of the slope toe：a case study of the Chaancun landslide in Dalian City，China［J］. Arabian journal of geosciences，2015，8（9）：6555-6565.

［108］ZHANG Q，WANG J，HOU L L，et al. Study on the instability mechanisms and monitoring control of stratified rock slope with water-rich strata［J］. Geotechnical and geological engineering，2018，36（3）：1665-1672.

［109］YAN G Q，YIN Y P，HUANG B L，et al. Formation mechanism and characteristics of the Jinjiling landslide in Wushan in the Three Gorges Reservoir region，China［J］. Landslides，2019，6（11）：2087-2101.

［110］JIANG Q H，WEI W，XIE N，et al. Stability analysis and treatment of a reservoir landslide under impounding conditions：a case study［J］. Environmental earth sciences，2016，75（1）：2.

［111］SUN H Y，PAN P，LV Q，et al. A case study of a rainfall-induced landslide involving weak interlayer and its treatment using the siphon drainage method [J]. Bulletin of engineering geology and the environment, 2019, 78 (6): 4063-4074.

[112] LI H B, LI X W, NING Y, et al. Dynamical process of the Hongshiyan landslide induced by the 2014 Ludian earthquake and stability evaluation of the back scarp of the remnant slope [J]. Bulletin of engineering geology and the environment, 2019, 78 (3): 2081-2092.

[113] TAGA H, TURKMEN S, KACKA N. Assessment of stability problems at southern engineered slopes along Mersin-Tarsus Motorway in Turkey [J]. Bulletin of engineering geology and the environment, 2015, 74 (2): 379-391.

[114] WANG Y K, SUN S W, LIU L. Mechanism, stability and remediation of a large scale external waste dump in China [J]. Geotechnical and geological engineering, 2019, 37 (6): 5147-5166.

[115] ZHANG M, NIE L, LI Z C, et al. Fuzzy multi-objective and groups decision method in optimal selection of landslide treatment scheme [J]. Cluster computing, 2017, 20 (2): 1303-1312.

[116] HU T F, LIU J K, ZHU B Z, et al. Study on sliding characteristics and controlling measures of colluvial landslides in Qinghai-Tibet Plateau [J]. Procedia engineering, 2016, 143: 1477-1484.

[117] KAKLIS K, AGIOUTANTIS S, MAVEIGIANNAKIS, et al. On the experimental investigation of pozzolanic lime mortar stress-strain behavior and deformation characteristics when subjected to unloading-reloading cycles [J]. Procedia structural integrity, 2018, 10: 129-134.

[118] YAN L, XU W Y, WANG R B, et al. Numerical simulation of the anisotropic properties of a columnar jointed rock mass under triaxial compression [J]. Engineering computations, 2018, 35 (4): 1788-1804.

[119] 任非. 三轴压缩条件下煤岩力学特性及破坏模式 [J]. 煤矿安全, 2018, 49 (1): 37-39.

[120] 王建国, 缪海宾, 王来贵. 安太堡露天煤矿排土场基底黄土力学

特性试验研究 [J]. 煤炭学报, 2013, 38 (S1): 59-63.

[121] 缪海宾. 损伤引起岩石剪切破坏的数值模拟研究 [D]. 沈阳: 辽宁工程技术大学, 2008.

[122] 宫凤强, 司雪峰, 李夕兵, 等. 基于应变率效应的岩石动态 Mohr-Coulomb 准则和 Hoek-Brown 准则研究 [J]. 中国有色金属学报, 2016, 26 (8): 1763-1773.

[123] MOHAMMADI M, TAVAKOLI H. A study of the behaviour of brittle rocks subjected to confined stress based on the Mohr-Coulomb failure criterion [J]. Geomechanics and geoengineering, 2015, 10 (1): 57-67.

[124] 冯强, 范金成, 张强, 等. 基于 Mohr-Coulomb 准则的球形洞室围岩应变软化弹塑性分析 [J]. 煤炭学报, 2014, 39 (5): 836-840.

[125] 蔡煜, 曹平. 基于 Burgers 模型考虑损伤的非定常岩石蠕变模型 [J]. 岩土力学, 2016, 37 (S2): 369-374.

[126] 康永刚, 张秀娥. 基于 Burgers 模型的岩石非定常蠕变模型 [J]. 岩土力学, 2011, 32 (S1): 424-427.

[127] 李成波. 岩石蠕变实验及非定常参数黏弹模型 [D]. 合肥: 中国科学技术大学, 2009.

[128] 厉美杰, 乔丽, 田宇, 等. 露天矿软岩复合边坡变形机理分析 [J]. 煤炭科学技术, 2021, 49 (8): 108-113.

[129] 师文豪, 杨天鸿, 王培涛, 等. 露天矿边坡岩体稳定性各向异性分析方法及工程应用 [J]. 岩土工程学报, 2014, 36 (10): 1924-1933.

[130] 高波, 肖平, 张国军. 抚顺西露天矿南帮边坡岩体结构及构造的分析 [J]. 露天采矿技术, 2014 (9): 18-21.

[131] 高波. 抚顺西露天矿南帮变形综合治理 [J]. 露天采矿技术, 2014 (11): 3-6.

[132] 胡高建. 抚顺西露天矿南帮边坡破坏机理及防治对策 [D]. 沈阳: 东北大学, 2013.

[133] 胡高建, 杨天鸿, 张飞. 抚顺西露天矿南帮边坡破坏机理及内排压脚措施 [J]. 吉林大学学报 (地球科学版), 2019, 49 (4):

1082-1092.

[134] 孙广明，胡高建，肖平，等. 抚顺西露天矿边坡岩体强度计算及质量分级研究 [J]. 煤炭科学技术，2017，45（12）：36-41.

[135] 滕超，王雷，刘宝华，等. 辽宁抚顺西露天矿南帮滑坡应力变化规律及影响因素分析 [J]. 中国地质灾害与防治学报，2018，29（2）：35-42.

[136] 王刚，侯成恒，缪海宾. 露天煤矿软岩顺倾边坡变形破坏机理及治理措施研究 [J]. 露天采矿技术，2018，33（4）：47-50.

[137] 邓天鑫. 强震作用下陡倾软硬相间顺层斜坡动力响应规律及其失稳机理研究 [D]. 成都：成都理工大学，2018.

[138] 石林. 三峡库区软硬岩互层反倾高边坡变形破坏机制研究 [D]. 重庆：重庆大学，2018.

[139] 周勇，王旭日，朱彦鹏，等. 强风化软硬互层岩质高边坡监测与数值模拟 [J]. 岩土力学，2018，39（6）：2249-2258.

[140] 郑志勇，余海兵，徐海清. 软硬岩互层边坡的破坏模式及稳定性研究 [J]. 长江科学院院报，2016，33（9）：102-106.

[141] 吉世祖. 缓倾外软硬互层型滑坡失稳机理研究 [D]. 成都：成都理工大学，2015.

[142] 王珣，李刚，刘勇，等. 基于滑坡等速变形速率的临滑预报判据研究 [J]. 岩土力学，2017，38（12）：3670-3679.

[143] 缪海宾，费晓欧，王建国，等. GPS边坡稳定性自动化监测系统 [J]. 煤矿安全，2014，45（10）：104-106.

[144] 韦忠跟. 边坡雷达监测预警机制及应用实例分析 [J]. 煤矿安全，2017，48（5）：221-223.

[145] 韦忠跟. 边坡雷达技术在露天矿滑坡预测预报中的应用 [J]. 煤矿安全，2017，48（1）：77-80.

[146] 车用太，刘耀炜，何镧. 断层带土壤气中H_2观测：探索地震短临预报的新途径 [J]. 地震，2015，35（4）：1-10.

[147] 张子祥，许雁超. 滑坡预测预报方法及判据初步探讨 [J]. 矿业工程，2013，11（1）：43-46.